図解 パイロットに必要な航空気象（2訂版）

Aviation Weather For Pilots

仁科 武雄 著

Takeo Nishina

成山堂書店

巻頭インタビュー

パイロットにとって気象現象の把握は欠かせない！！
現役パイロットである著者の仁科武雄氏に、航空気象を理解するポイントについて自身のパイロットになるまでの経緯とともに伺いました。

――防衛大学校のご出身ですが、入学のきっかけは何だったのでしょうか。

最初に防衛大の存在を知ったのは、中学３年のときでした。当時、担任だった先生が、「昨日、防衛大の卒業式、テレビでやってましたね。見た人はいるかな？ 卒業生の人たち、みんなビシッと歩いてかっこよかったですよね」とおっしゃっていました。防衛大の卒業式は３月下旬なので、私も中学卒業を控えていた頃です。普段はあまりそういう話をされない方だったので、とても印象に残りました。それから、高校に進学して１年生のときの成績はそこそこだったのですが目標設定を明確にしなかったため、その後は伸び悩んでいました。しかし、高校３年生の頃からこれではいけないと思い、自分が一体これから何をやりたいのか考え始めました。そこで、幼い頃からの夢を思い出してみると、小学校の卒業文集に、「パイロットになりたい」と書いていました。さらに当時は、アメリカのスペースシャトルが活躍していた時代で、元々天体が好きだったこともあり、星空を見ているといつも勇気づけられていました。そして、いつからか「宇宙に行きたい」という、とても大きな夢を抱き始めたのです。今もそうですが、NASAの宇宙飛行士は、空軍出身者、科学者などがなっていました。しかし、私の家庭は経済的にあまり余裕がなかったため、当時、一般の大学から大学院を経て科学者になるのは無理だろうと思っていました。一方、アメリカの空軍出身の宇宙飛行士は空軍士官学校を出ていて、日本ではそれが防衛大学校にあたること、また、入学費、授業料はすべて国が負担してくれることを知り、ここしかないと奮起して勉強し、合格することができたのです。

――最初からパイロット希望で入学されたのですか。

アメリカ空軍出身の宇宙飛行士は元戦闘機パイロットだったので、戦闘機のパイロットになるつもりで入学しました。しかし、当時自衛隊出身者が宇宙飛行士になる可能性が見えず、卒業の頃には「宇宙飛行士に憧れていたけど現実的に難しいのではないか」という心境になりましたが、空を飛びたいという気持ちは消えませんでした。

――航空自衛隊ではどのようなお仕事に就かれていたのでしょうか。

自衛隊のパイロットコースに入ってから、心境の変化により戦闘機以外を志望するようになりました。その結果、C-130Hという輸送機の部隊に配属が決まりました。そこでは、航空自衛隊だけでなく、陸上・海上自衛隊の人員や貨物の輸送を主に行っていました。北は北海道、南は沖縄、珍しいところでは硫黄島や南鳥島へも飛行しました。当時、国外運航をする自衛隊機はC-130Hしかなく、PKO（国連平和維持活動）参加や国外訓練のため、アメリカ、東南アジア、オセアニア、中東などを飛行しました。C-130Hの部隊勤務のあと、教育ということにも興味があったため、T-3という単発プロペラ機の操縦教官として教育部隊に転属しました。そこでは、飛行機に乗ったことのない学生に一から操縦方法を教えていました。

――現在は民間会社にお勤めですが、転職されたきっかけは？　また、現在のお仕事を教えてください。

防衛大出身のパイロットは、操縦士としての経験を生かして部隊運営をしていく職務につくため、パイロットから離れなければなりません。大変迷ったのですが、ずっとパイロットでいられる道を選択致しました。この判断を尊重していただいたことに対するご恩は今でも持ち続けています。航空自衛隊を離れたあと、独立行政法人航空大学校の操縦教官として、学生たちへ操縦教育を行いました。航空大学校はエアラインのパイロットを養成する機関であり、事業用操縦士と計器飛行証明で求められる知識や技術などの教育を行っていました。現在は民間のパイロットとして国内外の運航に従事しています。

――パイロットになるためには様々な勉強をされたかと思いますが、気象は苦手・得意でしたか。

気象は、航空工学や航空法規などに比べて興味が湧き、結果として得意な分野だったと思います。かといって、勉強する上で苦労しなかった訳ではありません。難解な用語や表現があると頭を痛めたものです。しかし、普段の生活で見られるいろいろな天気現象や天気の移り変わりを通して、面白さを感じながら勉強することができました。

――パイロットにとって気象はどのような存在ですか。

航空機は大気中を飛ぶので、気象状態を把握しておかないと安全な飛行はできません。気象現象は刻々と変化しているので、今までとまったく同じ気象状態の中を飛ぶことはまずあり得ません。言い換えれば、どんな気象現象に遭遇するか分からないのです。したがって、パイロットはこれから飛行する空にどのような特徴があるか十分に把握して運航を開始しなければなりません。

――気象が苦手という方もいらっしゃると思いますが、気象の楽しさはどこにありますか。また、理解力を深めるポイントなどはありますか。

力強く湧き上がる積乱雲、絹のように薄い巻雲、うろこのように密集した高積雲など様々な種類の雲が、青や橙色の大空のキャンバスの中をゆっくりと流れていく光景を見ていると、時が経つのを忘れてしまいます。外で空を眺めると、心地いい風を全身で感じることもあれば、肌を刺すような冷たい風、身を焦がすような熱風に刺激を受けることもあり、季節の移り変わりを体感することができます。また、雨、雪、雷といった現象をうっとうしく感じることもあれば、情緒的にさせられるときもあります。そんな人々の心までも動かす様々な天気現象は、気象学で解明された理論にしたがって起きています。常に自然に目を向けながら、身の回りに起きる天気現象に疑問を持ち、謎解きをしていくことで、理解が深まると思います。

――気象情報はどこから入手していますか。

主にインターネットから入手しています。特に専門天気図は、「地球気」や「ウェザーニューズ」を見ています。METARやTAFは、「NWS Aviation Weather Center」と「ウェザーニューズ」によるものを併用しています。他に、テレビの天気予報もよく見ます。気象予報士の皆さんが趣向を凝らした解説をしてくださるので、とても参考になります。

――天気図の簡単な見かたってありますか。

北を正面にして立ったとき、自分がいる地域の「左」にどのような記号があるか着目します。日本の天気は多くの場合、西から東へ、言い換えると左から右へ移り変わるためです。左に高気圧があれば天気は良くなる傾向にあり、低気圧や温暖前線、寒冷前線があれば、崩れる傾向にあるといえます。また、地上天気図には等圧線と呼ばれる曲線が描かれていますが、等圧線の間隔が狭いところは風が強い地域です。こうした基礎的な見方を押さえた上で、実際に空を見て天気図を解読した通りの天気ならば、正しい見方をしていたといえます。もし解読したのと違った天気だった場合、「なぜ違ったんだろう」とその原因を解決していくことで、天気図の見方が上達していくと思います。

――読者にはこの本をどのように活用していただきたいですか。

気象は幅広く奥深い学問なので、専門書の中には初心者にとって難解と思われるものもあります。そこで、本書は航空気象にスムーズに入っていくために、基本的な内容に焦点を当て、できるだけ分かりやすい表現をするように心掛けました。本書で気象の概要を学べば、さらに高度な内容へもステップアップしやすいと考えています。また、要点を簡潔にまとめているので、フライト準備中に確認したい項目が出てきたとき、疑問点を目次や索引から簡単に調べることもできます。そして、練習問題は知識の定着や学科試験対策に役立つと思います。本書をいつもそばに置いて、知識の定着や疑問点の解消に役立ててほしいと願っています。

――パイロットを目指す人へ

パイロットになるためには、多くのことを学ばなければなりません。すべてを学んでいくためには、やはり毎日のコツコツとした勉強の積み重ねが重要だと思います。また、人間は忘れやすい生き物なので、忘れないようにする工夫も大切になってくることでしょう。また、机上の勉強以外にも、自分を向上させる工夫が必要かもしれません。そのためには、普段からいろいろな活動をしたり、さまざまな場所に行ったり、多くの人に会うようにして自分を刺激し続けてみるといいのではないでしょうか。

2訂版発行にあたって

本書の初版は2016年に刊行されましたが、この度２訂版の刊行が行われることにまず感謝の意を表したいと思います。２訂版では変更があった箇所の修正や必要と思われる部分の追加等を行いました。主な変更箇所は次のようになります。

・線状降水帯についての記述の追加

・RVRの上限値の2,000m化に伴う記述の変更

・自動観測によるMETARの通報が行われている空港の追加

・RWYCCとパイロットブレーキングアクション

・練習問題の追加

・気象情報の入手先として対空センターを追加

・参考資料AVIATION WEATHER CENTERのURLの変更

本書にはKindle版（電子書籍）もあるので、お手元のスマートフォンやタブレットに入れていただくことで、手軽に取り出すことが可能になります。さっと書き込みをしながら勉強する場合は、紙の本が便利かと思います。

本書が最大限に活用されて、皆さまの目標が実現されることを切に願っています。

2023年12月

仁科　武雄

目　次

序章

天気へのいざない

私たちの生活は、天気に左右されることがたくさんあります。晴れていると気持ちがいい反面、晴ればかり続くと水不足になってしまいます。また、雨が降るとどんよりとした気持ちになることもありますが、そのおかげで農作物が育ちます。そして、雪が降ると子供たちは大はしゃぎして喜びますが、降りすぎるとそれもまた、交通網が乱れる原因の１つとなってしまいます。晴れ、雨、雪といった天気現象は、いったいどういう状態を表しているのでしょうか。本章へ進む前に、天気についてのキーワードを抽出していきたいと思います。

晴れ

晴れていると陽射しがあります。雲もありますが、それほど多くはありません。晴れているときは、たいてい「高気圧」に覆われている状態です。高気圧に覆われていると地上付近では気圧が高くなります。そうした状態は「下降気流」の場となって雲ができないため晴れるのです。また、地表面が日射で暖められると「サーマル」という周辺と比べて暖かい部分ができます。サーマルは密度が小さいので浮力により上昇するため、雲が発生する原因となります。その他、晴れているときにある雲の中の１つとして、西から温暖前線が接近するときに現れる巻雲という高い雲があります。この場合、巻層雲、高層雲、乱層雲などが増えてきて曇りから雨となります。

「晴れ」のキーワード

高気圧（p.24）、**下降気流**、**サーマル**（p.40）

曇り

晴れているときの下降気流と反対で、「上昇気流」があると雲が発生します。上昇気流の発生原因はいろいろありますが、「低気圧」があると上昇気流が発生します。「前線」でも上昇気流が発生します。上昇気流にのった空気は「断熱膨張」して気温が下がります。気温が下がると空気は「飽和」し、空気の中にいられなくなった水蒸気が「凝結」して水滴ができます。この水滴が雲です。気温が特に低いところでは、雲を構成している氷の粒もあります。また、雲には、低いところにあるものから、高いところにあるものまでいろいろな種類があります。高さによる分類として、「下層雲」、「中層雲」、「上層雲」という分け方があります。

「曇り」のキーワード

上昇気流（p.40）、**低気圧**（p.22）、**前線**（p.71）、**断熱膨張**（p.12）、**飽和**（p.37）、**凝結**（p.38）、**下層雲**（p.31）、**中層雲**（p.29）、**上層雲**（p.27）

雨と雪

雨や雪を降らせる雲の種類は一つだけではありません。「高層雲」、「乱層雲」、「層積雲」、「層雲」、「積雲」、「積乱雲」という雲から、いろいろな条件がそろうと雨や雪は降ってきます。雨には「暖かい雨」と「冷たい雨」があります。暖かい雨は主に熱帯地方で降る強い雨で、上空にはすべて水滴で構成された雲があります。雲中の水滴が成長して重くなり、地上へ雨として降り注ぎます。一方、日本で降る多くの雨は冷たい雨です。冷たい雨を降らせる雲は、小さな水滴と氷の粒でできています。この小さな氷の粒を「氷晶」といいます。氷晶が雲の中で成長すると、重くなって地上に落下します。落下途中に氷晶が溶けると、雨となり地上に到達します。雨の中でも「霧雨」は直径0.5 mm未満の弱い雨で、厚い層雲から降ってきます。「しゅう雨」は、積乱雲や雄大積雲から降る激しい雨のことをいいます。一方、気温が低く氷晶が地上まで溶けないとき、落下中に水蒸気が氷晶に凍り付いて雪の結晶になります。つまり、雪が地上に舞い降りることになります。雨粒と雪片が混じったものを「みぞれ」といいます。また、氷の粒が降ってくることがあり、その種類には「雪あられ」、「氷あられ」、「凍雨（とうう）」といったものがあります。ところで、「降水量」という言葉をよく聞くと思いますが、降水量は雨だけでなく雪や氷なども含まれた量です。

「雨と雪」のキーワード

高層雲（p.29）、**乱層雲**（p.30）、**層積雲**（p.31）、**層雲**（p.32）、**積雲**（p.32）、**積乱雲**（p.33）、**暖かい雨**（p.46）、**冷たい雨**（p.46）、**氷晶**（p.47）、**霧雨**、**しゅう雨**、**みぞれ**、**雪あられ**（p.47）、**氷あられ**（p.47）、**凍雨**（p.47）、**降水量**（p.111）

雷

「積乱雲」の中では、氷晶が成長した「あられ（氷あられ）」が互いにぶつかりながら上昇降下を繰り返しています。ぶつかる際に静電気が発生し、雲の中に電気がたまっていきます。一定以上の電気がたまると雷として放電されます。また、積乱雲の中であられが上昇降下を続けるうちに成長し、直径5 mm以上になると「ひょう」と呼ばれ、地上に降ってくることがあります。

「雷」のキーワード

積乱雲（p.33）、**あられ**（p.46）、**ひょう**（p.46）

風

風は気圧に差があることで、発生します。空気が気圧の高いところから低いところへ移動するためです。これを「気圧傾度力」といいます。高圧部と低圧部の気圧差が大きいほど風は強くなります。また、気圧傾度力に「コリオリの力」を考慮したものを「地衡風」といいます。さらに、地衡風と遠心力をあわせた風を「傾度風」といいます。さらに、地表付近では地面や水面との摩擦で風向が変化します。等圧線に対し、陸上で約35°、海上で約25°、風向が変わります。その結果、高気圧では吹き出しの風、低気圧では吹き込みの風となります。

「風」のキーワード

気圧傾度力（p.58）、**コリオリの力**（p.58）、**地衡風**（p.60）、**傾度風**（p.60）

第1章

気象の基礎

1-1　大気

1-1-1　大気圏の構造

対流圏

宇宙空間に大気はありませんが、私たちが生きている地球上には大気が存在し対流しています。大気が対流している範囲は、高さ約11kmほどで対流圏といいます。地球の半径約6,400kmに対して、対流圏の高さ約11kmはわずか0.19%にしかすぎません。その0.19%の中で、雲の発生・消滅、降雨、降雪、雷電などが起きているのです。大気、言い換えると空気を直接見ることはできません。空気は分子の集合体で、窒素（N_2）約78%、酸素（O_2）約21%などで構成されています。対流圏内では高度1kmごとに約6.5℃ずつ気温が下がります。地上の気温が15℃のとき、3km上空では－4.5℃になります。富士山は標高3,776mなので、頂上の気温は約－9.5℃となり、まさに極寒の世界といえます。

大気の成分

大気の成分		
成分	分子式	容積比（%）
窒素	N_2	78.08
酸素	O_2	20.95
アルゴン	Ar	0.93
二酸化炭素	CO_2	0.03
その他		0.01

対流圏界面

対流圏と成層圏の境目を対流圏界面といいます。さきほど、対流圏の高さは約11kmと説明しましたが、これは中緯度付近の代表的な高さです。対流圏界面の高さは緯度や季節によって違います。赤道付近は最も高く約17～18kmあり、北極や南極では8～10km程度しかありません。対流圏で発生した雲は、通常、対流圏界面で遮られますが、発達した積乱雲の一部が成層圏に達することがあります。

成層圏

高度約11kmの対流圏界面から、高度約50kmまでの層を成層圏といいます。成層圏での温度変化は、対流圏のように一定の温度減率にはなっていません。高度約20kmまで平均気温が－56.5℃程度と一定で、それより上は高度とともに温度が上昇します。なぜ、温度が上昇するのでしょうか。これは、成層圏にあるオゾンが紫外線のエネルギーを吸収するためです。成層圏には水蒸気がほとんどないので、対流圏のように頻繁に雲は発生しませんが、成層圏の気温が低下すると、極域成層圏雲という硝酸や氷晶などの微細な粒子からなる雲が、発生することがあります。成層圏と中間圏の境目を成層圏界面といい、温度は平均して－２～４℃程度となります。

オゾン層

オゾンという物質は、高度約10～50kmの成層圏に存在し、中でも20～25km付近にはオゾンが集中しています。このオゾンが集中した部分を中心として、オゾンがとりわけ多く存在する約10～30kmの層をオゾン層といいます。オゾン層は、太陽が放射する紫外線を吸収しています。

中間圏

高度約50kmの成層圏界面から高度約80kmまでの層を中間圏といいます。成層圏と熱圏の間にあるため、中間圏と呼ばれます。中間圏では、対流圏のように高度とともに温度は減少します。中間圏とその上にある熱圏の間には中間圏界面があり、温度は平均して－70～－80℃程度まで下がります。窒素約78%、酸素約21%といった大気の組成比は高度約80kmまで変わらないので、地上から約80kmまでを均質圏といいます。

熱圏

高度約80kmの中間圏界面から上は、熱圏と呼ばれます。気温は高度とともに上昇し、高度約110kmで平均して－20℃ほどになります。高度200km付近は真空に近く、温度は約1000～2000℃になります。

電離層

熱圏は太陽からの紫外線の影響が大きいため、窒素や酸素は多くの紫外線を吸収します。その結果、窒素や酸素の原子・分子から電子が分離します。原子や分子から分離した電子の密度が高い層を電離層といいます。電離層には、Ｅ層、

F_1層、F_2層があり、E層は高度約100kmにあり、F_1層は約200kmにあり、F_2層は約250kmにあります。E層の下にはD層という弱い電離層があります。

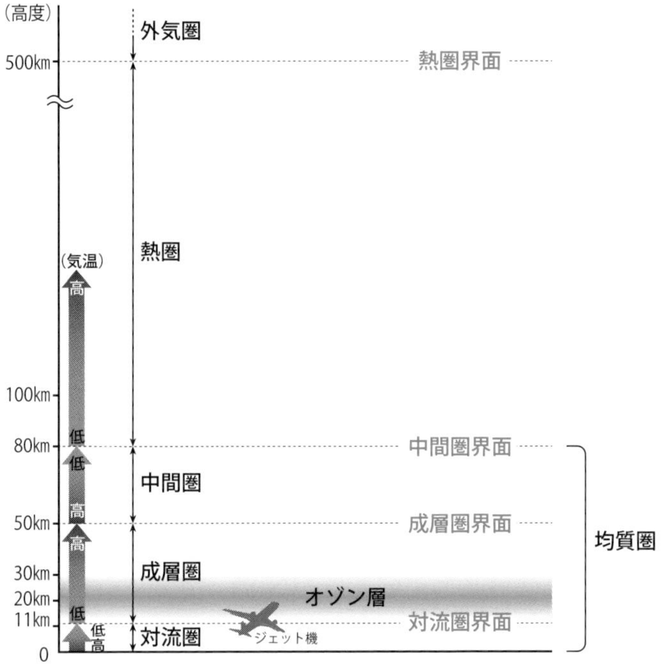

図1-1-1　大気圏の構造

外気圏

熱圏と外気圏の間に熱圏界面があり、その高度は約500kmのところです。外気圏は熱圏界面から外側で、高度約1000kmの部分をいいます。外気圏にはわずかですが水素など、気体の原子や分子があり、ものすごいスピードで移動しています。その中には宇宙空間に飛び出すものもあります。

1-1-2　国際標準大気

国際標準大気とは、実際にある大気の平均状態をあらわした基準大気のことで、ISA（International Standard Atmosphere）ともいいます。国際標準大気の条件として、次のようなものがあります。

（1）　完全な乾燥気体であること

（2）　平均海面高度での気温が15℃（59°F）であること

（3）　平均海面高度での気圧が1013hPa（29.92inHg）であること

（4）　平均海面高度での密度が1.225Kg/m^3であること

（5）　0～11kmの高度までの気温減率が－6.5℃/km（－２℃/1000ft、－3.5°F/1000ft）であること

温度の単位である摂氏温度（℃）と華氏温度（°F）については、「1-2 温度(p.11)」を参照してください。

1-1-3　大気の循環

地球の周りを取り巻く大気は、留まらずに、動き続けています。大気が動いているため、天気の移り変わりがあるのです。そして、地球上の大気は、場所によって様々な温度で分布しています。大気の温度が高いところとして、太陽の光が当たっているところがあげられます。地球は自転しているので昼と夜が生じます。同じ標高で考えると、昼の地域は太陽光が当たっているため温度が高く、夜の地域は反対に温度が低くなります。また、地球は太陽の周りを公転しています。北極点と南極点を結んだ地軸は傾いているため、太陽に対して地球がどの位置にいるかにより、太陽光の当たり方が違ってきます。北半球側に太陽光がたくさん当たる時期は北半球側の温度は高く、南半球側は低くなります。反対に、南半球側に太陽光がたくさん当たる時期は南半球側の温度は高く、北半球側は低くなります。このように、地球規模で温度分布に差が発生すると大気の循環が生じます。

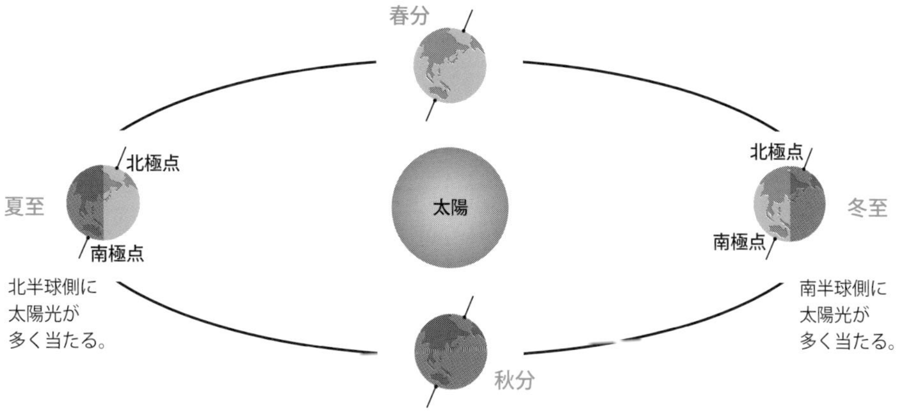

図1-1-2　地球の公転

さらに、高い山に登るとだんだん寒くなってくることから分かるように、大気は地上付近よりも上空のほうが低温になっています。暖かい空気と冷たい空気を考えてみると、暖かい空気は密度が小さく、冷たい空気は密度が大きくなりま

す。密度が小さい暖かい空気は密度が大きい冷たい空気よりも上へ行こうするので上昇気流が発生します。反対に、密度が大きい冷たい空気は密度が小さい暖かい空気よりも下へ行こうとするので下降気流が発生します。つまり、冷たい空気と暖かい空気の間で大気の循環が起きることになります。

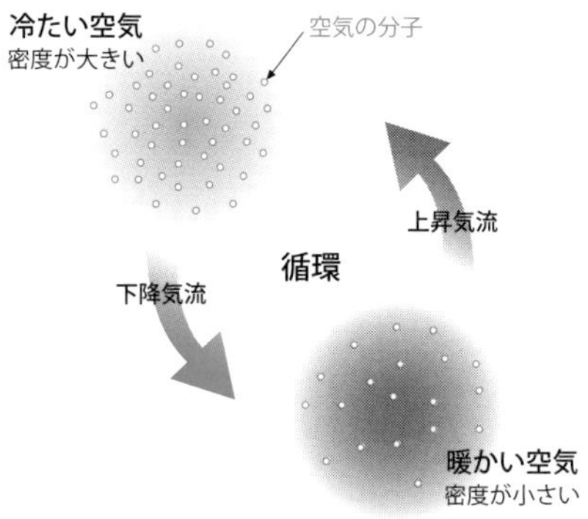

図1-1-3　冷たい空気、暖かい空気

1-1-4　気団

地球の表面は大気で覆われていますが、大気の温度や湿度は地球上のどの場所でも同じではなく、大気がどの地域に存在するかにより、その性質はまったく違ってきます。空気の塊を気団といい、日本の天気を左右する気団には次の5つがあります。

オホーツク海気団

オホーツク海で発生する気団で、低温、多湿という性質を持っています。梅雨や秋雨の頃、おもに日本の東北地方に張り出します。この気団と小笠原気団がぶつかると境界に停滞前線ができ、雨の多い天気が続きます。スウェーデンの気象学者トール・ベルシェロン（1891-1977）が考案した「ベルシェロンの分類法」で、「mPk」と表されます。mは海洋性（maritime）、Pは寒帯（Polar）、kは気団の温度が移動先の地表面温度より低いことを意味します。

シベリア気団

冬にシベリアや中国東北区に現れる気団で、低温で乾燥しています。冬の季節風として日本海を渡って、日本に冷たい北西風をもたらします。シベリア気団が日本海を通るとき、海面から熱と水蒸気をもらって冷たく湿った気団に変質します。そのため、日本海上空にはすじ雲ができ、日本海側の地域では雪が降ります。ベルシェロンの分類法で「cPk」と表されます。cは大陸性（continental）、Pは寒帯（Polar）、kは気団の温度が移動先の地表面温度より低いことを意味します。

揚子江気団

春と秋に揚子江流域に現れる気団で暖かく乾燥しています。この気団は移動性高気圧となって日本付近を覆い、乾燥した晴天をもたらします。ベルシェロンの分類法で「ｃＴ」と表されます。cは大陸性（continental）、Tは熱帯（Tropical）です。

小笠原気団

北西太平洋の亜熱帯高気圧域に現れる気団で、暖かく湿っています。真夏の蒸し暑さはこの気団によるもので、晴天が続きます。小笠原気団が三陸沖や北海道方面に移動して冷たい海上を通ると気団の変質が起きて、海霧が発生します。ベルシェロンの分類法で「mTw」と表されます。mは海洋性（maritime）、Tは熱帯（Tropical）、wは気団の温度が移動先の地表面温度より高いことを意味します。

赤道気団

赤道付近で発生する気団で、暖かく湿っています。台風とともに日本へ移動してきて、集中豪雨の原因となります。ベルシェロンの分類法で「ｍＥ」と表されます。mは海洋性（maritime）、Eは赤道（Equatorial）です。

1-1-5　大気の性質に関する関係式

何気なく私たちのまわりに存在している大気は、圧力、密度、温度、体積といった性質を持ち合わせていて、様々な関係式で表すことができます。

静力学平衡

大気による圧力は、地表に近いほど大きくなっています。上下一直線上にある二つの面Aと面Bを比較すると、面Aのほうが面Bより大気による圧力が大きくなります。気圧の差によって発生する力を気圧傾度力といいますが、気圧の大きい面Aから気圧の小さい面Bに向かって気圧傾度力が発生します。面Aと面Bの間にある空気塊が気圧傾度力によって上昇せずその場に留まっているとき、面AB間の空気塊は重力とつり合っているということが言えます。この状態を静力学平衡といいます。

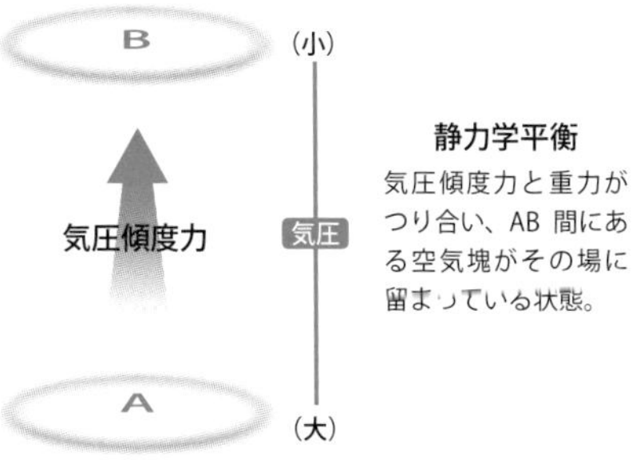

図1-1-4　気圧傾度力

静力学平衡の式　$\Delta p = -g\rho\Delta Z$

Δp：気圧傾度力
g：重力加速度（$9.8\ m/s^2$）
ρ：空気密度
ΔZ：面AB間の高さ

ボイルの法則

ある程度膨らんだ風船の結び目を持って、膨らんだ部分をゆっくりねじっていくと、次第に破裂しそうなほどまで空気が充満していきます。この一連の変化は、風船の体積が小さくなり、圧力が大きくなったために起きたものです。これがボイルの法則で、次のようにいうことができます。

「温度が一定のとき、一定量の気体の圧力と体積は反比例の関係にある」

ここで、反比例の式は$y = \frac{a}{x}$　　a：定数　　なので、

変形するとyx＝aとなり、yに圧力Pを、xに体積Vを当てはめると、

$$PV = a$$

と表すことができます。

シャルルの法則

へこんだピンポン玉をお湯に入れると、へこみが消えて元の状態に戻ります。これは、ピンポン玉の中の空気が暖まって膨張したためです。これがシャルルの法則で、次のようにいうことができます。

「圧力一定のとき、気体の体積は絶対温度に比例する」

気体の体積をV、絶対温度をT、定数をbとすると、

$$V = bT$$

という式で表すことができます。絶対温度については、「1-2 温度」を参照してください。

ボイル・シャルルの法則

一定量の気体の圧力（P）、体積（V）、絶対温度（T）の関係を一つにまとめた法則です。

$$\frac{PV}{T} = R\ （一定）$$

という式で表されます。
Rは気体定数で気体の種類によって異なります。

気体の状態方程式
　ボイル・シャルルの法則を変形すると

$$PV = RT$$

となります。
これにnという原子や分子などを基準とした物質量を加味することで、気体の状態方程式は次のように表すことができます。

$$PV = nRT$$

1-2　温度

　温度は温かい・冷たいといった寒暖の程度を示しています。温度は場所により様々で、北海道は寒いのに沖縄は暖かかったり、山の麓は暖かいのに山頂は寒かったりします。航空機のエンジンは気温が高いと推力が低下するので、飛行エリアの温度には注意が必要です。

1-2-1　温度の単位

摂氏温度（℃）と華氏温度（°F）
　日本では摂氏温度（℃）が使われていますが、アメリカでは華氏温度（°F）が使われています。℃のCは、スウェーデンの天文学者セルシウス（Celsius）、°FのFはドイツの物理学者ファーレンハイト（Fahrenheit）に由来しています。また、摂氏の摂と華氏の華は、両氏の名前の中国語訳からきていま

℃と°Fの換算表

℃から°Fへ	
0℃	32.0°F
10℃	50.0°F
15℃	59.0°F
20℃	68.0°F
30℃	87.8°F
40℃	104.0°F
50℃	122.0°F
60℃	143.6°F
70℃	158.0°F
80℃	176.0°F
90℃	194.0°F
100℃	212.0°F

°Fから℃へ	
0°F	−17.7℃
10°F	−12.2℃
20°F	−6.6℃
30°F	−1.1℃
40°F	4.4℃
50°F	10.0℃
60°F	15.5℃
70°F	21.1℃
80°F	26.6℃
90°F	32.2℃
96°F	35.5℃
100°F	37.7℃

す。℃は、１気圧での水の凝固点を０℃、沸点を100℃として、その間を100等分しています。°Fは諸説ありますが、人の体温を96°Fにして作られています。

摂氏温度（℃）と華氏温度（°F）には、次のような関係があります。

$$°F=\frac{9}{5}℃+32$$

$$℃=\frac{5}{9}(°F-32)$$

絶対温度（K）

気象では、℃（摂氏温度）のほかに絶対温度を用いることがあります。単位は「K」、読み方は「ケルビン」で、絶対温度の概念を導入した英国の物理学者ケルビン卿（ウィリアム・トムソン）に由来しています。摂氏温度と絶対温度には、次のような関係があります。

絶対温度（K）＝摂氏温度（℃）＋273

摂氏温度に273を足せば絶対温度になり、絶対温度から273を引けば摂氏温度になります。

1-2-2　空気塊

地球上の空気を考えるとき、あまりにも広大なためつかみどころがなくなってしまいます。その解決方法として、空気の一部を切り取った「空気塊」の中で、空気の性質を考えていきます。

1-2-3　水平方向の気温変化

海面と同じ高度では、一般的に、赤道側の方が北極側や南極側よりも温度が高くなります。赤道の緯度は０度です。北極点は北緯90度、南極点は南緯90度です。つまり、数字が小さい赤道側が「低緯度」となり、数字が大きい北極側や南極側が「高緯度」となるので、低緯度のほうが高温ということになります。例えば、北海道と沖縄を比べると、低緯度にある沖縄のほうが北海道より高温になります。

1-2-4　垂直方向の気温変化

断熱膨張・断熱圧縮

大気には重さがあるため地表付近ほど大気の圧力が大きくかかり、上空に行く

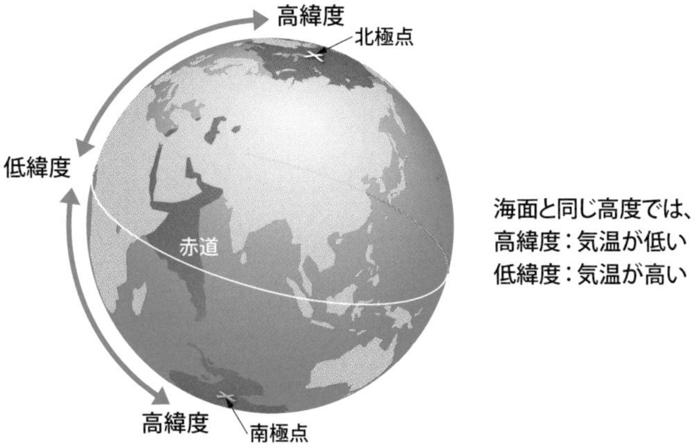

図1-2-1　水平方向の気温変化

と大気から受ける圧力が小さくなります。そのため、地表付近にある空気塊が上空に持ち上げられると、空気塊が受ける圧力が小さくなるため、空気塊は膨張します。断熱膨張した空気塊は、外部に仕事をする結果、内部エネルギーが減少するため、温度が低くなります。だから、高いところは寒いのです。ここで、断熱膨張とは、空気塊とその外部で、熱の出入りがないまま空気塊が膨張することをいいます。断熱膨張により温度が低くなることを断熱冷却といいます。断熱膨張の逆を断熱圧縮といい、外部と熱の出入りがないまま空気塊が圧縮することです。断熱圧縮した空気塊は、外部から仕事をされる結果、内部エネルギーが増加するため、温度が高くなります。断熱圧縮により温度が高くなることを断熱昇温といいます。

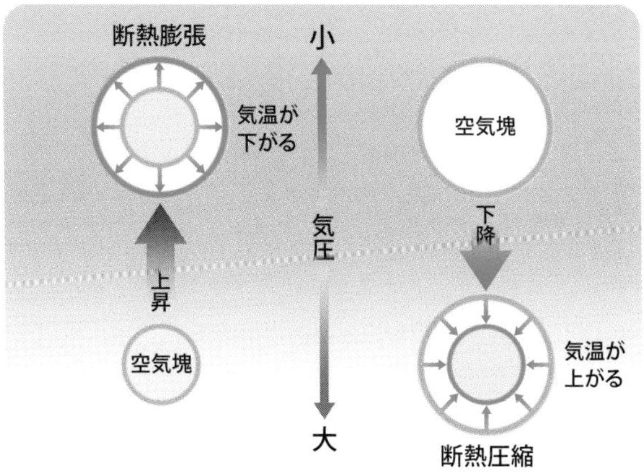

図1-2-2　断熱膨張、断熱圧縮

気温減率

対流圏では、高いところほど気温は低くなります。高度が上がると気温が減少する割合を数値で表したものを、気温減率といいます。高度が 1 km 上がると、気温は6.5℃下がります。つまり、気温減率は、6.5℃/kmとなります。100mあたりにすると0.65℃になります。6.5℃/km（0.65℃/100m）という気温減率は、対流圏での平均的な値を表しています。

乾燥断熱減率・湿潤断熱減率

6.5℃/km（0.65℃/100m）という気温減率は、対流圏での平均的な値を表しますが、なぜ平均なのでしょうか。実際の大気は、乾いた空気のところ、湿った空気のところが混在しています。実は、乾いた空気と湿った空気では、高度が上がったときの気温の減り方が違うのです。

乾燥した空気塊が上昇する際の温度減率は、100mごとに約 1 ℃です。約 1 ℃/100mと表します。これを乾燥断熱減率といいます。一方、水蒸気を含んだ空気塊が上昇する際、上昇の過程で水蒸気の凝結が起こり、潜熱（p.37）が放出されます。その熱エネルギーの分、温度減率が乾燥断熱減率よりも小さくなり、100mごとに約0.5℃となります。約0.5℃/100mと表します。実際のところ、湿潤断熱減率は水蒸気の状態によって変動するため、約0.3～0.9℃/100mになります。したがって、約0.5℃/100mというのは、湿潤断熱減率の代表的な値となります。

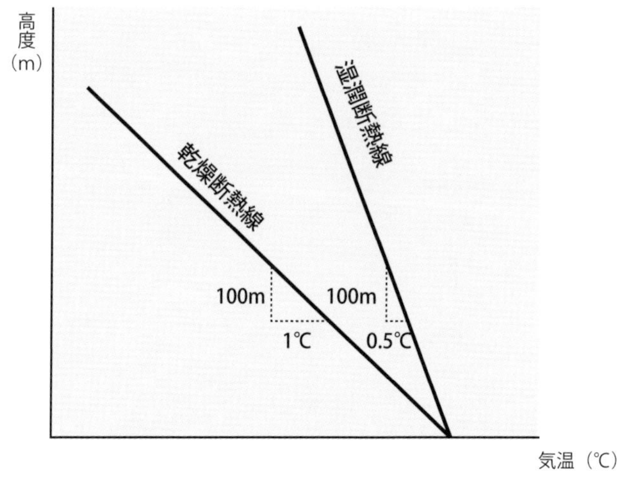

図1-2-3　乾燥断熱線、湿潤断熱線

フェーン現象

ある温度の空気塊が山の麓から斜面に沿って上昇し、山頂を越えて斜面に沿って下降し、反対側の麓に到達したとき、元の温度より上昇している現象をフェーン現象といいます。

例えば、標高約2,000mの山の麓に25℃の空気塊があるとします。空気塊が山の斜面を強制上昇させられたとき、1℃/100mの乾燥断熱減率で温度が下がります。1,000m上昇すると10℃下がるので、空気塊の温度は15℃になります。

1,000mで雲ができ始めたとすると、以降は0.5℃/100mの湿潤断熱減率で温度が下がります。さらに山頂まで1,000m上昇したとすると5℃下がるので、空気塊の温度は10℃になります。空気塊に含まれる水分は、山頂までにすべて雨になって降ったとします。空気塊が山の斜面を下降するとき、1℃/100mの乾燥断熱減率で温度が上がります。麓までは2,000mあるので、20℃上がります。山頂での温度は10℃だったので、麓では30℃になります。最初に25℃だった空気塊の温度は、山を越えたことにより30℃まで上昇しました。温度の上昇に加え、水分も雨として降ってしまったため、湿度の低い乾燥した空気となっています。日本列島の中央付近を考えると、太平洋と日本海の間に山岳地帯が連なっています。このため、太平洋側から日本海側に強い風が吹くときと、逆に日本海側から太平洋側に強い風が吹くときにフェーン現象が見られます。

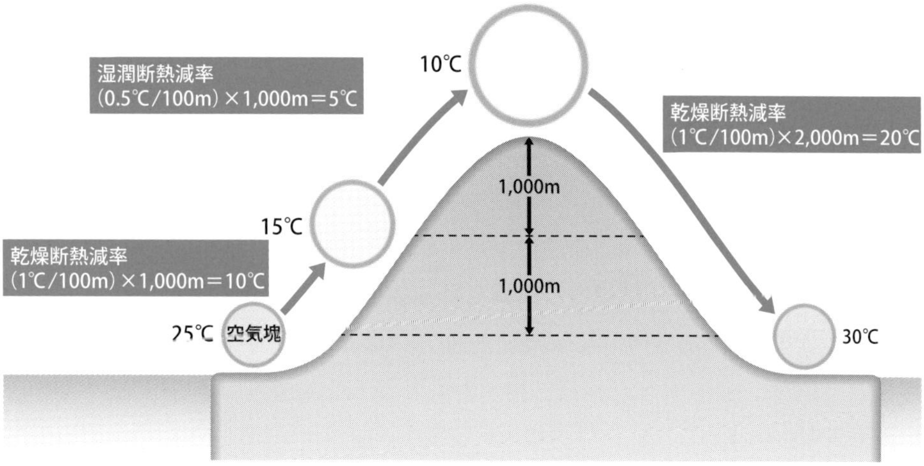

図1-2-4　フェーン現象

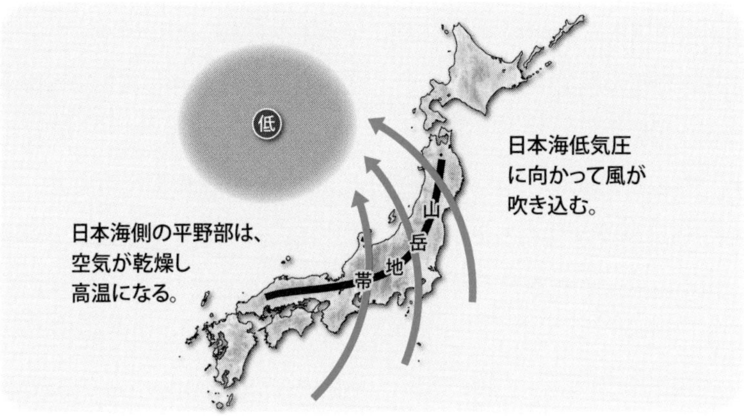

図1-2-5　太平洋側から日本海側に風が吹くときのフェーン現象

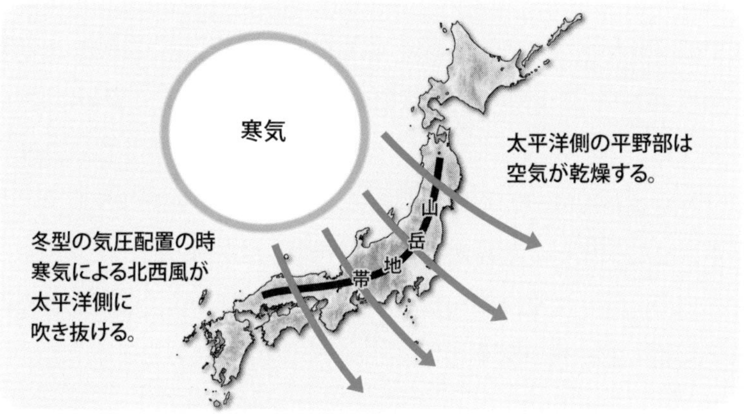

図1-2-6　日本海側から太平洋側に風が吹くときのフェーン現象

1-2-5　逆転層

高度が低いところほど気温は高くなり、高度が高いところほど気温は低くなります。ところが、高度が低いのに気温が低くなったり、高度が高いのに気温が高くなったりする状態があり、これを逆転層といいます。逆転層内の大気は非常に安定していて、霧や塵などが漂い視界が良くありません。逆転層には、次の３つがあります。

接地逆転層

雲がほとんどない風の弱い夜、熱エネルギーの放射により地面付近は強く冷えます。これを放射冷却といいます。曇っている場合は、雲が熱エネルギーの放射を遮ってしまうため、放射冷却は起こりません。風がないと放射冷却により冷えた空気は地面付近に留まります。地面付近の冷えた空気層は下にあるにもかかわらず、その上にある空気の温度よりも低くなっています。これを接地逆転層といいます。

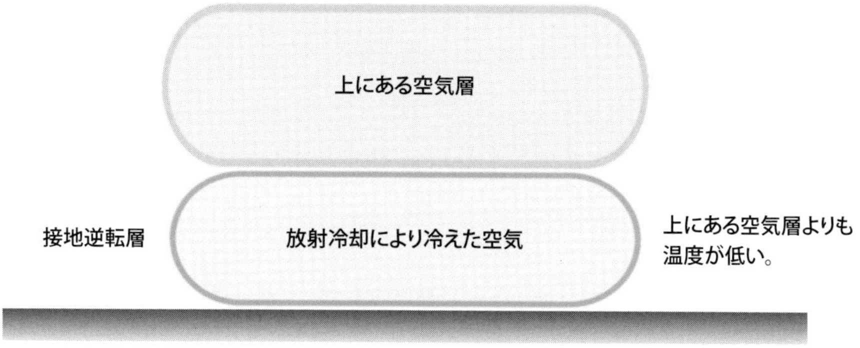

図1-2-7 接地逆転層

前線性逆転層

暖かい空気と冷たい空気の境界（前線）付近にできる逆転層です。移流逆転層ともいいます。寒冷前線は、冷たい空気が暖かい空気の下にもぐり込んだ状態です。温暖前線は、暖かい空気が冷たい空気の上に乗り上げた状態です。どちらも下に冷たい空気、上に暖かい空気という逆転層が形成されます。

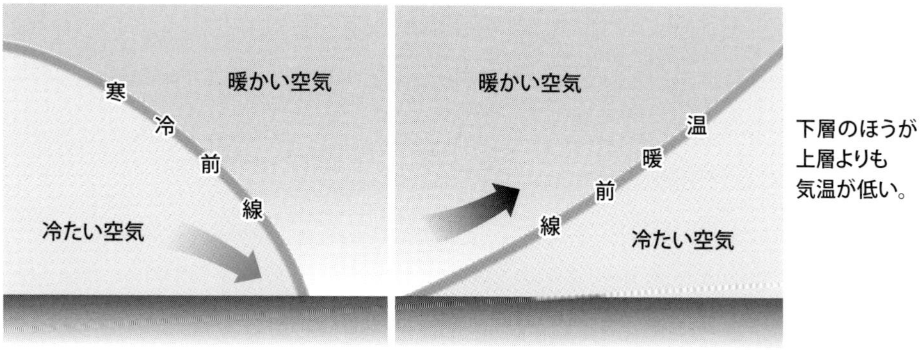

図1-2-8 前線性逆転層

沈降性逆転層

高気圧内では空気は緩やかに下降しますが、その際断熱圧縮が起こり空気塊の温度が上がります。その結果、その空気塊は下にある空気よりも温度が高くなるため逆転層が生まれます。これを沈降性逆転層といいます。

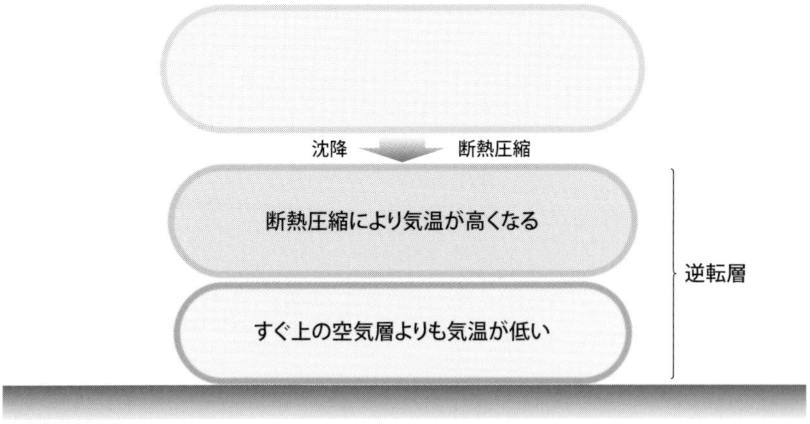

図1-2-9 沈降性逆転層

1-2-6　温位

例えば、北海道から沖縄までの日本列島全体の気温を見ても、それはまちまちです。また、山の頂上は麓よりも寒いように、高度が低いところと高いところでも気温は違います。これは、いろいろな状態の空気塊が至るところに分布しているためです。このようにばらばらな状態の空気塊を均一化して比較できたら便利だと思いませんか。

温位とは、複数の空気塊が様々な高度で別々な気温で存在しているとき、空気塊の高度を揃えることで、お互いの暖かさを比較するための温度です。温位を求めるとき、気圧1,000hPaの高度まで乾燥断熱減率で空気塊を揃えます。国際標準大気で平均海面高度の気圧は1,013hPaなので、気圧1,000hPaの高度は平均海面高度よりも少し上になります。つまり、温位とは、水蒸気を含まない空気塊を1,000hPaに断熱圧縮したときの温度です。

例えば、気圧1,000hPaの高度より1,000m上にある空気塊Aの温度が－５℃だとします。この空気塊を乾燥断熱減率で1,000hPaの高度まで降下させると、100mごとに約１℃上がるので1,000mでは約10℃上がるため、５℃になります。また、気圧1,000hPaの高度より2,000m上にある空気塊Bの温度が－12℃だとします。この空気塊を乾燥断熱減率で1,000hPaの高度まで降下させると、約20℃上がるため、８℃になります。よって、空気塊Bのほうが空気塊Aより暖かいということが分かります。ここで、温位の単位は絶対温度（K）〈ケルビン〉を用います。

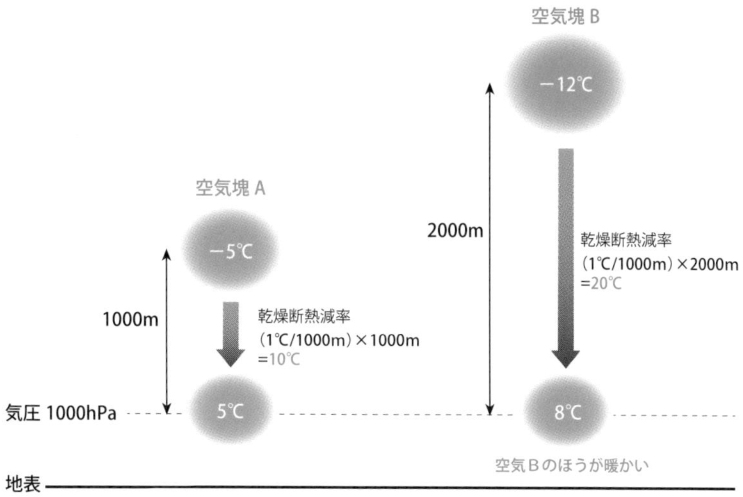

図1-2-10　温位

✈ 飛行機からの景色 ✈

天気がいいと飛行中であってもその合間に、とても美しい景色を見ることができます。また、空の青さにもいろいろあって、飛行高度や時間帯により様々な青色に変化します。そして、明け方や夕方の橙色はとても幻想的です。さらに、雲の種類も観察できます。夜は星がきれいに輝いています。地上に目を移すと、山や川、街並み、道路、雪景色、海面の波模様など、変化に富んだ景色が広がっています。フライトは緊張の連続ですが、その合間での美しい光景は気持ちを和ませてくれます。

また、地上では上方に見える飛行機雲ですが、飛行中だと下に見かけることがあります。

この飛行機雲が一体どのようにしてできるのかを、ここで少し説明していこうと思います。飛行機雲には２種類あります。一つは、エンジンから出る高温の排気ガスが作り出す飛行機雲です。排気ガスには水分が含まれています。飛行機が飛んでいる氷点下の空気中には、水分や微粒子が存在しています。その冷たい空気中に排気ガスが噴出すると、まわりの空気と混じりながら急速に冷やされて飽和水蒸気量に達し、水、氷が発生して飛行機雲になります。もう一つは、部分的な圧力変化による飛行機雲です。翼などの後ろで空気の渦が発生するところでは、気圧が低くなります。そこでは断熱膨張が起きるため気温が下がり、飽和水蒸気量に達して飛行機雲が発生するのです。

絶対温度（K）＝セルシウス度（℃）＋273

よって、5℃は278K、8℃は281Kとなります。

温位θ（シータ）は次の式で表されます。

$$\theta = \left(\frac{P_0}{P}\right)^{\frac{\gamma - 1}{\gamma}}$$

P_0：1,000（hPa）

P：空気塊の気圧（hPa）

γ：C_P／C_V

C_P：空気の定圧比熱

C_V：空気の定積比熱

比熱：単位質量の物質の温度を1K上げるのに必要な熱量

$\frac{\gamma - 1}{\gamma}$は定数で、0.2857となります。

1-2-7　相当温位

温位の解説では、ばらばらに存在する空気塊の高度を揃えて比較しましたが、残念ながら、まだ実際の大気の状態を比較するには至っていません。なぜなら、空気塊に含まれる水蒸気を考慮していないからです。実際の空気には、水蒸気がたくさん含まれているところやあまり含まれていないところがあります。

水蒸気が含まれている空気塊では、水蒸気が凝結したときに潜熱が出るので、温度が上がります。一方、水蒸気が含まれない空気塊には、潜熱による温度上昇はありません。したがって、乾燥空気を対象とした温位では空気塊の比較ができなくなってしまいます。相当温位は凝結による潜熱を加味した値であり、水蒸気を含む空気塊と含まない空気塊の暖かさを比較することが可能になります。

例えば、1,000hPaの高度に気温25℃の水蒸気を含んだ空気塊があるとします。この空気塊の温位は、25＋273＝298（K）です。ここで、この空気塊に含まれる水蒸気が全部凝結したとして、その時に12K（ケルビン）の潜熱が出たとします。この時、相当温位は、298＋12＝310（K）になります。もし、この空気塊に水蒸気が含まれていなかったとしたら、潜熱を考慮しないので、相当温位＝温位＝298（K）になります。

相当温位が大きいと、空気は高温多湿であるといえます。夏は336K以上、冬は324K以上が高相当温位域となり、大雨の目安となります。

相当温位θe（K）は次の式で表されます。

$$\theta e = \theta + 2.8\ \omega$$

θ：温位（K）

ω（オメガ）：混合比

ω＝空気塊の水蒸気の質量（g）／空気塊の乾燥空気の質量（kg）

1-3　気圧

天気予報を見ていると、「気圧」という言葉をよく耳にしませんか。何気なく聞いている「気圧」とは一体何なのでしょうか。気圧は、空気の圧力と書きます。空気にも重さがあります。地上に近いほど、より多くの空気による重さがかかっているのです。

1-3-1　１気圧とは何か

気圧とは空気による圧力のことですが、数値的には１m×１m＝１m^2の単位面積にかかる力を指します。１気圧＝1,013hPa（ヘクトパスカル）です。これを別の単位で表現してみましょう。

１気圧＝1,013hPa

↓

１ hPa＝100 Pa（パスカル）なので、

1,013hPa＝101,300Pa

↓

１ Pa＝「１m^2あたり１Ｎ（ニュートン）」なので、

101,300Pa＝「１m^2あたり101,300N」

↓

１ N＝0.102 kgfなので、

「１m^2あたり101,300N」＝「１m^2あたり10,333kgf」

↓

１m^2＝10,000 cm^2なので、

「１m^2あたり10,333kgf」＝「１cm^2あたり1.033kgf」

つまり、１気圧は、「１cm^2あたり1.033 kgf」という力になります。

1-3-2　低気圧

周囲よりも気圧が低い部分を低気圧といいます。北半球では、低気圧の中心へ反時計回りに風が吹き込んでいます。吹き込んだ風は収束して上昇気流になります。上昇気流により断熱冷却（p.13）が起きることで雲が発生します。低気圧には温帯低気圧、寒冷低気圧などがありますが、単に低気圧というときは温帯低気圧を指します。

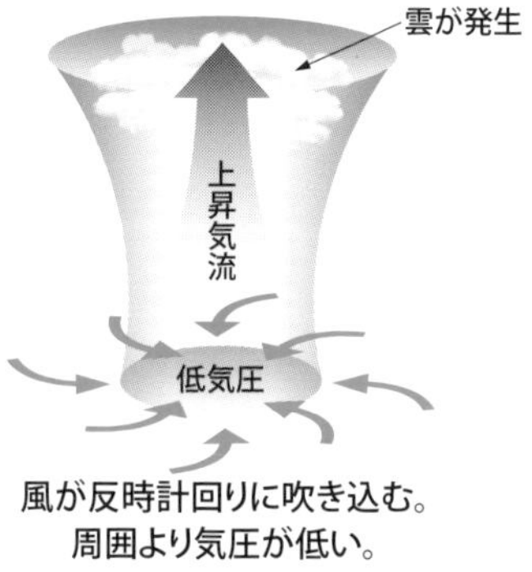

図1-3-1 低気圧

温帯低気圧

温帯低気圧は、低気圧の中心から南東側に温暖前線、南西側に寒冷前線を伴っています。日本付近において温帯低気圧は西から東に移動するため、低気圧の前面（東側）から天気が崩れてきます。低気圧の前面は南よりの風が吹き、暖気移流の場となっています。温暖前線と寒冷前線の間を暖域といい、雲が切れること

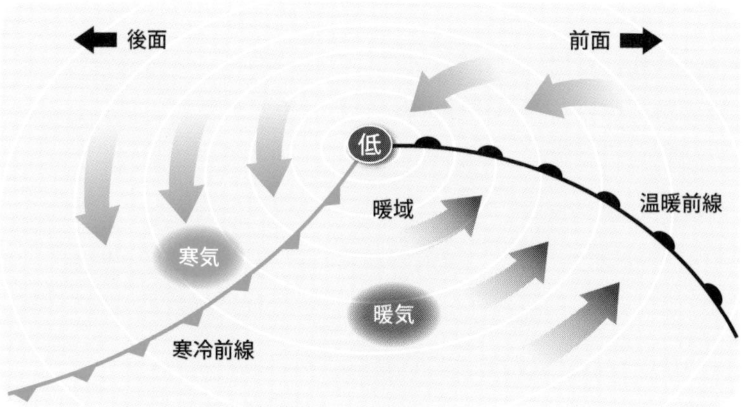

図1-3-2　温帯低気圧

もある場所です。低気圧の後面（西側）は北よりの風が吹き、寒気移流の場となっています。寒冷前線は温暖前線より速度が速いため追いつき、閉塞前線（p.72）が形成されます。閉塞が進むと低気圧は衰弱し、最終的に消滅します。

寒冷低気圧

上空に寒気を伴った低気圧を寒冷低気圧といい前線を伴いません。切離低気圧は寒冷低気圧の代表例です。

切離低気圧

上層を流れる偏西風の波動の振幅が極端に大きくなり、寒気の部分がちぎれてできた上層の低気圧を切離低気圧、または、寒冷渦ともいいます。地上天気図にはっきり現れないことが多いのも特徴です。下層において南西から暖気が吹き込み、上空の強い寒気との温度差により、寒冷渦の南東側では大雨、雷雨が発生しやすくなります。

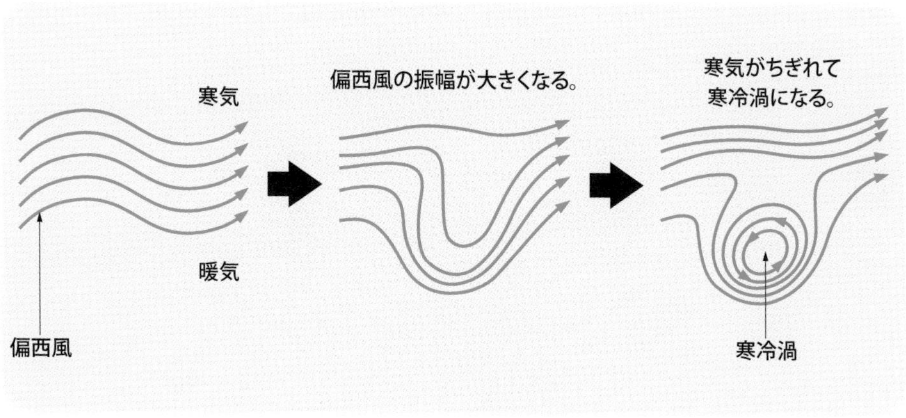

図1-3-3　切離低気圧

ボイス・バロットの法則

低気圧の中心方向を見つける方法で、1857年、オランダの気象学者ボイス・バロットが提唱しました。「風を背中に受けて立ったとき、北半球において、低気圧の中心は左手やや前方にある」という法則です。

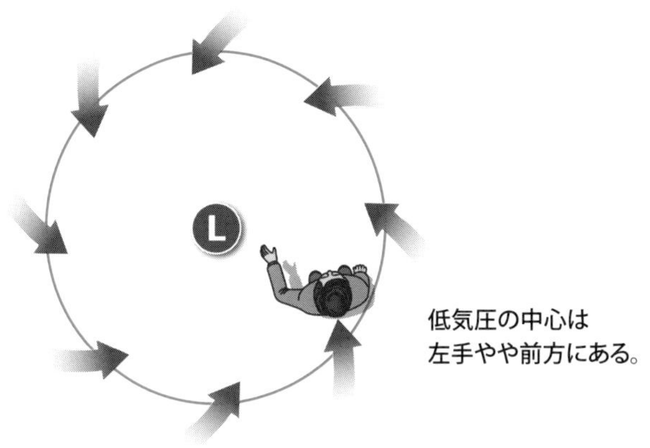

図1-3-4　ボイス・バロットの法則

気圧の谷

気圧の谷とは、高圧部と高圧部の間にある気圧の低いところをいいます。気圧の谷では上昇気流が発生しやすいため雲が多い傾向にあります。

上空にも地上と同じく、連続した気圧の低いところがあり、これをトラフといいます。あるいは、さきほどと同様に、気圧の谷ともいいます。

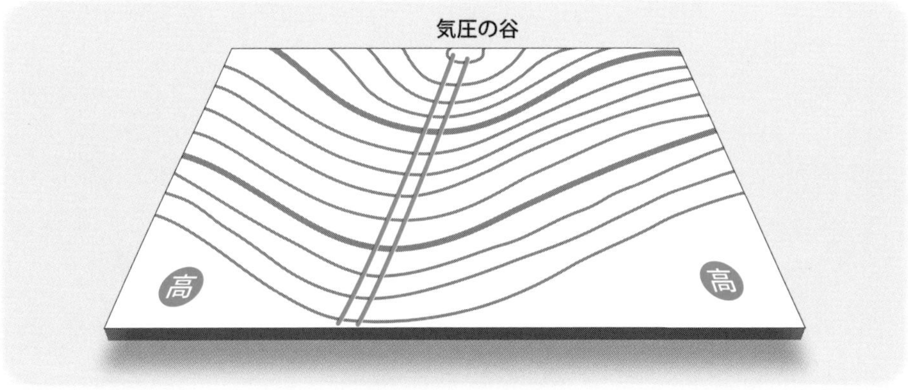

図1-3-5　気圧の谷

1-3-3　高気圧

周囲よりも気圧が高い部分を高気圧といい、北半球では高気圧の中心から時計回りに風が吹き出しています。この吹き出す風を補給するため、上空では空気が中心に集まり、下降気流となります。高気圧を大きく分類すると温暖高気圧と寒冷高気圧の２つがあります。細かく分類すると、移動性高気圧、切離高気圧などがあります。

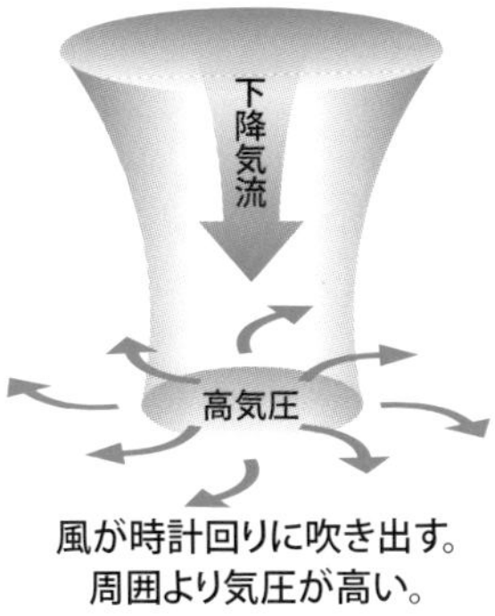

図1-3-6　高気圧

温暖高気圧

　周辺の温度より相対的に暖かい高気圧です。上空で周囲から空気が集まって収束した空気が下降すると、断熱圧縮（p.12）が起きるため、気温が高くなります。また、地表付近に空気がたまり、気圧は高くなります。地表付近にたまった空気がまわりに吹き出す分、鉛直方向の空気量は減少しますが、上空で収束した空気が下降することで補われます。温暖高気圧は対流圏上層まで気圧が高くなっているので、背の高い高気圧ともいいます。小笠原高気圧はその代表例です。

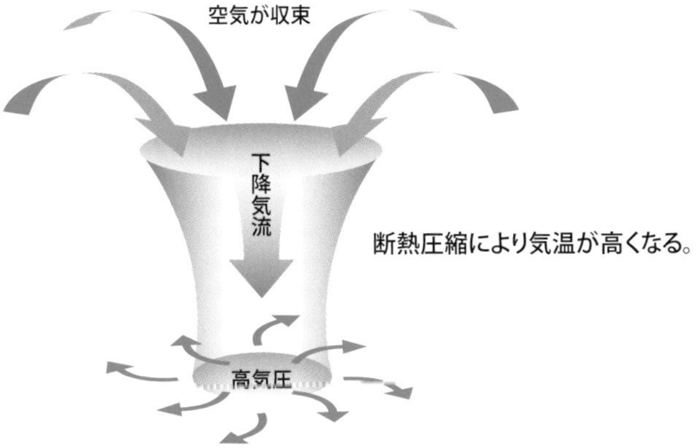

図1-3-7　温暖高気圧

寒冷高気圧

　周辺より気温が低い高気圧で、地表付近に寒気がたまることにより気圧が高くなります。上層天気図では、高気圧が現れないことから、背の低い高気圧ともいいます。寒冷高気圧の上層に暖気が入ると雲が発生し、降水がみられるときもあります。シベリア高気圧は、その代表例です。

図1-3-8　寒冷高気圧

移動性高気圧

温帯低気圧と温帯低気圧の間にあり、いっしょに移動していく高気圧です。日本付近を通る移動性高気圧は、シベリア高気圧の一部がちぎれて移動性になるものが多く、この場合寒冷高気圧に分類されます。ところが移動中、下降気流の断熱昇温により、温暖高気圧に変わることもあります。

切離高気圧

切離低気圧と同じく、偏西風波動が発達したためにできる高気圧で、温暖高気圧です。切離高気圧は、移動性高気圧や温帯低気圧の進行を妨害するため、ブロッキング高気圧とも呼ばれます。

気圧の尾根

低圧部と低圧部の間にある気圧の高いところを気圧の尾根といいます。気圧の尾根付近では下降気流が発生しやすいため、晴天となる傾向にあります。

上空にも地上と同じく、連続した気圧の高いところがあり、これをリッジといいます。あるいは、さきほどと同様に、気圧の尾根ともいいます。

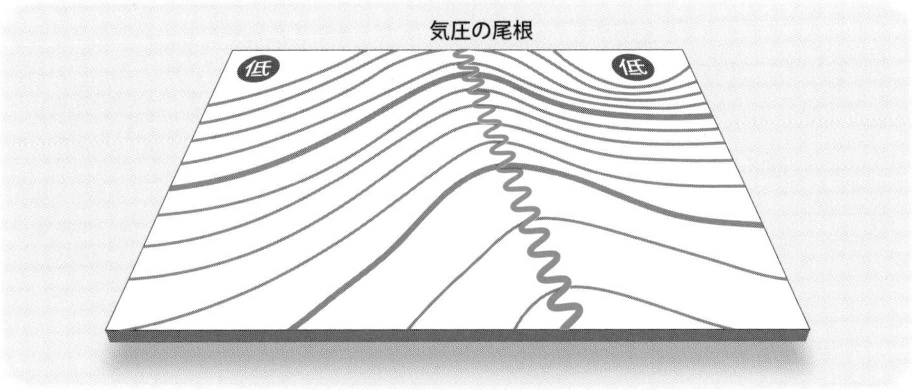

図1-3-9　気圧の尾根

1-4　雲

1-4-1　雲の分類（10種雲形）

空を見上げるといろいろな種類の雲がありますが、それぞれに名前がついていて、次のように分類されています。

雲の分類

		記号		高度の目安
上層雲	巻雲（けんうん）	Ci	Cirrus	5,000m（16,400ft）以上
	巻積雲（けんせきうん）	Cc	Cirrocumulus	
	巻層雲（けんそううん）	Cs	Cirrostratus	
中層雲	高積雲（こうせきうん）	Ac	Altocumulus	2,000m（6,600ft）～7,000m（23,000ft）
	高層雲（こうそううん）	As	Altostratus	
	乱層雲（らんそううん）	Ns	Nimbostratus	下層～上層
下層雲	層積雲（そうせきうん）	Sc	Stratocumulus	2,000m（6,600ft）以下
	層雲（そううん）	St	Stratus	
対流雲	積雲（せきうん）	Cu	Cumulus	600m（2,000ft）以下～6,000m（20,000ft）またはそれ以上
	積乱雲（せきらんうん）	Cb	Cumulonimbus	下層～12,000m（40,000ft）以上にのびることもある

上層雲

目安として5,000m以上の高いところにある雲で、巻雲、巻積雲、巻層雲があります。

・巻雲

巻雲は輝いたような白さを持つ繊維状の雲で、氷晶（p.47）でできています。すじ状に見えるでの、俗称として、すじ雲ともいわれます。記号でCiと表され、シーラス（Cirrus）と読みます。

（著者撮影）

巻雲

・巻積雲

巻積雲は白く小さい雲片が群れをなしているような雲で、氷晶でできています。魚のうろこのように見えるので、俗称として、うろこ雲ともいわれます。記号でCcと表され、シーロ・キュームラス（Cirrocumulus）と読みます。Cirrocumulusという単語は、Cirrus（巻雲）とCumulus（積雲）が組み合わされてできています。

（写真：岩槻秀明）

巻積雲

・巻層雲

巻層雲は白っぽいベール状の雲で、氷晶でできています。とても薄い雲なので、俗称として、うす雲ともいわれます。記号でCsと表され、シーロ・ストレイタス（Cirrostratus）と読みます。Cirrostratusという単語は、Cirrus（巻雲）とStratus（層雲）が組み合わされてできています。

（写真：岩槻秀明）

巻層雲

中層雲

目安として2,000m〜7,000mの高さにある雲で、高積雲、高層雲があります。低層から高層に広がる乱層雲についても、この項目で説明していきます。

・高積雲

高積雲は、色は白〜灰色で、小さな雲の固まりが群れをなしているように見えます。ひつじの群れに見えることから、俗称として、ひつじ雲ともいわれます。記号でAcと表され、アルト・キュームラス（Altocumulus）と読みます。Altocumulusという単語は、Alto（高い）とCumulus（積雲）が組み合わされてできています。

・高層雲

高層雲は、空のすべてを覆う灰色の雲で、降水が観測されることもあります。高層雲の向こうに見える太陽は輪郭がはっきりしないため、俗称として、おぼろ雲とも言われます。記号でAsと表され、アルト・ストレイタス（Altostratus）と読みます。Altostratusという単語は、Alto（高い）とStratus（層雲）が組み合

（写真：岩槻秀明）

蜂の巣状の高積雲

（写真：岩槻秀明）

レンズ状高積雲

わされてできています。

（写真：著者撮影）

上空からみた巻層雲と高層雲

（写真：岩槻秀明）

高層雲

・乱層雲

乱層雲は、空全体を覆う分厚い層状の灰色をした雲で、長時間に渡って、しとしととした雨が降り続きます。とても厚い雲で、雲底高度（地表または水面から雲の一番下までの高さ）が数百m、雲頂高度（地表または水面から雲の一番上までの高さ）は10,000m以上に達することもあります。雨を降らせる雲なので、俗称として雨雲ともいわれます。記号でNsと表され、ニンボ・ストレイタス（Nimbostratus）と読みます。Nimbostratusという単語は、Nimbus（雨雲）とStratus（層雲）が組み合わされてできています。

（写真：岩槻秀明）

乱層雲

下層雲

目安として2,000m以下の低いところにある雲で、層積雲と層雲があります。

・層積雲

層積雲は、白～灰色の大きな雲の塊が層状に並んでいて、俗称でくもり雲ともいわれます。記号でSc と表され、ストラト・キュームラス（Stratocumulus）と読みます。Stratocumulusという単語は、Stratus（層雲）とCumulus（積雲）が組み合わされてできています。

（著者撮影）

上空から見た層積雲

・層雲

層雲は、白～灰色の、低い層状の雲で湯気のように見えます。層雲が地上に接しているときは霧となるので、俗称できり雲といわれます。記号でStと表され、ストレイタス（Stratus）と読みます。

（著者撮影）

層雲

対流雲

鉛直方向に発達する雲で、積雲と積乱雲があります。

・積雲

積雲は、白～灰色の、綿のような形をして垂直に発達した雲で、通常2,000m以下にあります。発達した雄大積雲になると雲頂高度は6,000m以上になること

（著者撮影）

上空から見た積雲

もあります。俗称として、わた雲といわれます。記号でCuと表され、キュームラス（Cumulus）と読みます。

・積乱雲

積乱雲は、白〜暗い灰色の、雷雨を伴って垂直方向に大きく発達した雲で、雲頂高度は条件により様々ですが25,000 〜 35,000ft付近に達します。雲頂が約－20℃の高さに発達すると発雷します。俗称として、かみなり雲といわれます。集中豪雨や雷のほか、ひょうや竜巻をもたらすことがあります。記号でCbと表され、キュームロ・ニンバス（Cumulonimbus）と読みます。Cumulonimbusという単語は、Cumulus（積雲）とNimbus（雨雲）が組み合わされてできています。

積乱雲には、発達期、成熟期、衰弱期という段階があります。発達期の雲中はすべてが上昇気流で、その流れの中に雨粒があります。雲中の雨粒は大きくなると、上昇気流では支えきれなくなり落下します。その際、周辺の空気も摩擦で引きずりおろされ、雲の下部に下降気流が発生します。上部には氷晶も存在します。この段階が成熟期で激しい雨やひょうが降り、発雷も盛んになります。成熟期の上昇気流の速度は6,000ft/minを超えることもあり、熱帯地方では雲頂高度が60,000ft付近の成層圏まで達することもあります。そして、雲中の上昇気流がなくなり、すべて下降気流となる段階が衰弱期です。対流圏界面に達した雲頂が風により横へ広がったかなとこ雲が、成熟期の途中や衰弱期に見られます。かなとこ雲の下は雲がなくても、ひょうが見られることがあるので注意が必要です。その後、雨は次第に弱まり、最後に残った雲も蒸発して消えてしまいます。一つの積乱雲から雨、ひょう、発

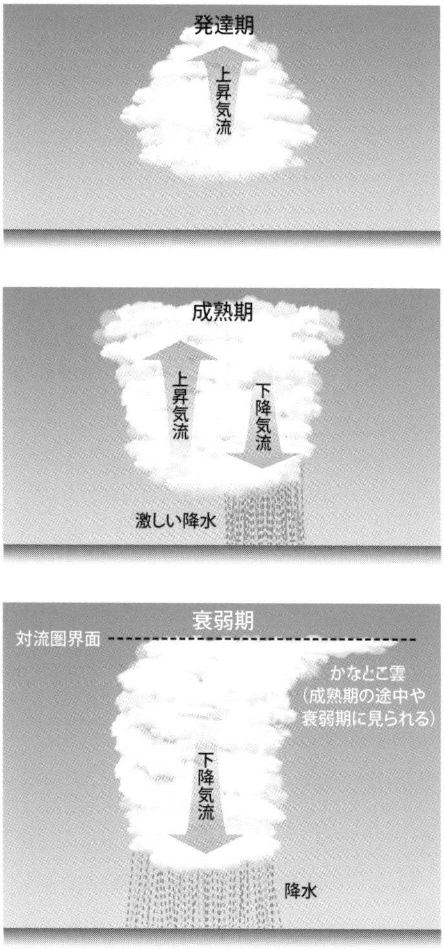

図1-4-1　積乱雲の発達過程

雷といった現象がみられるのは、30分から1時間程度です。積乱雲の近くは乱気流だけでなく被雷する可能性もあるので、十分に離れて飛行する必要があります（p.46参照）。

（写真：岩槻秀明）
多毛状の積乱雲

（著者撮影）
無毛状の積乱雲

1-4-2　雲による飛行への影響

雲は小さな水の粒や氷の粒で構成されているので、航空機が雲に衝突した瞬間に機体が潰れるということはありませんが、雲に入ると様々な影響があります。雲中飛行は、パイロットが計器飛行証明（p.202）を持っていないと行うことはできません。雲による飛行に対する影響には、次のようなものがあります。

揺れ

雲に入ると航空機が揺れるため、乗り心地が悪くなったり、機体に余計な負荷がかかったりします。

視界の遮断

雲の中から外はまったく見えないので、他の航空機や障害物を視認することができません。また、低い層雲や霧が空港を覆った場合、見通しが悪くなるため、航空機の離着陸が制限されることがあります。

着氷

低温における雲中では、翼、エンジン、プロペラなどに着氷が起き、航空機の性能が低下してしまいます（着氷についてはp.43参照）。

被雷

雷雲の近くを飛行すると被雷の可能性があります。被雷したとき、雷は飛行機の表面を通り抜けるように移動するため、機体表面やアンテナ類等が損傷する可能性があります。

1-4-3　雲の発生理由を知る

私たちはニュース、インターネット、または新聞など、いろいろなところから天気予報を知ることができますが、予報通りにならないこともあります。雲の発生する理由を知っておくと、飛行中に予想外の雲があっても、理由を推測して落ち着いた対処に結びつきます。

1-4-4　状態変化

水（液体）は、温度が上がっていくと水蒸気（気体）になり、温度が下がっていくと氷（固体）なります。水蒸気（気体）が氷（固体）になることもあります。このような変化を「状態変化」といいます。雲は、水蒸気（気体）から水（液体）あるいは氷（固体）へと状態変化することで発生します。

雲に入ったときの揺れ

晴れた日に気流の穏やかな空を飛んでいると、揺れがまったくなく、とても快適です。では、雲に入るとどうなるでしょうか。層雲系の雲は大きく揺れることは少ないですが、積雲は空気の活発な動きがあるため、中に入ると大抵揺れます。雲に入ったとたんにカタカタと振動が起こり、場合によっては、いきなりテーブルの上に置いてあるものが宙に浮くほど揺れることがあります。中でも、積乱雲が持つエネルギーは強烈です。パイロットはできる限り雲に入らないようにするため常に監視しているので、積乱雲に入ることは滅多にありません。万が一発達した積乱雲に入った場合、航空機の姿勢、速度、高度などが大きく変化して、コントロールできなくなる可能性があります。最悪の場合、航空機が破壊される恐れもあります。こうした事態は発達した積乱雲の中に存在する、激しい上昇気流と下降気流によりもたらされます。

凝結

　気体である水蒸気から液体である水への変化を凝結といい、凝結のときに放出される熱を凝結熱といいます。

凝固

　液体である水から固体である氷への変化を凝固といい、凝固のときに放出される熱を凝固熱といいます。

昇華（水蒸気から氷）

　気体である水蒸気から固体である氷への変化を昇華といい、昇華のときに放出される熱を昇華熱といいます。

融解

　固体である氷から液体である水への変化を融解といい、融解のときに吸収される熱を融解熱といいます。

蒸発（気化）

　液体である水から気体である水蒸気への変化を蒸発あるいは気化といい、蒸発（気化）のときに吸収される熱を蒸発熱あるいは気化熱といいます。

昇華（氷から水蒸気）

　固体である氷から気体である水蒸気への変化も、水蒸気から氷への変化と同様に昇華といい、昇華（氷から水蒸気）のときに吸収される熱も昇華熱といいます。

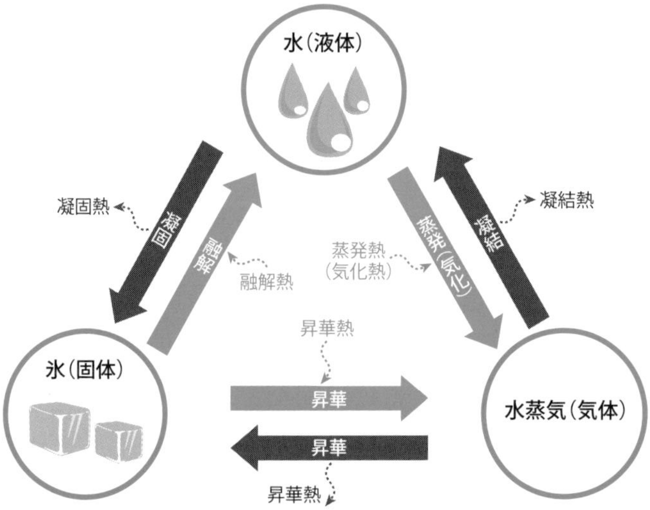

図1-4-2　状態変化

1-4-5　潜熱

状態変化に伴って吸収あるいは放出される凝結熱、凝固熱、融解熱、蒸発熱（気化熱）、昇華熱を、まとめて「潜熱」といいます。

1-4-6　飽和水蒸気量

空気はどれくらいの水蒸気を含むことができるのでしょうか。空気に含むことができる水蒸気（気体）の量を水蒸気量といいます。空気が含むことのできる水蒸気量には限界があります。限界に達した状態を飽和といいます。空気が飽和に達したときの水蒸気量を飽和水蒸気量といいます。温度が低くなるほど飽和水蒸気量は小さくなり、温度が高くなるほど飽和水蒸気量は大きくなります。空気塊が上昇すると温度は低くなるので、空気塊の飽和水蒸気量は小さくなります。その結果、空気塊の中にいられなくなった水蒸気は凝結して水の粒になります。つまり、これが雲の発生となるのです。

1-4-7　相対湿度

空気塊に含まれる水蒸気量が、その空気塊に含むことができる最大水蒸気量の何％に当たるかを相対湿度といい、単に湿度ともいいます。相対湿度を式で表すと次のようになります。

$$\text{相対湿度（\%）}=\frac{\text{水蒸気量}}{\text{飽和水蒸気量}}\times 100$$

1-4-8　水蒸気圧

湿った空気は、水蒸気の部分と乾いた空気の部分から成り立っています。湿った空気はそれ自身で圧力を有しています。その構成要素である水蒸気の部分もそれ自身の圧力を有し、乾いた空気の部分もそれ自身の圧力を有しています。湿った空気が持つ全体としての圧力が、全圧です。それに対し、水蒸気の部分が持つ圧力を水蒸気圧、あるいは水蒸気分圧といいます。湿った空気における全圧のうち、水蒸気圧以外のものは乾燥空気の分圧となります。湿った空気の全圧は、水蒸気分圧と乾燥空気の分圧の和になります。空気が水蒸気を最大に含んで飽和した状態の水蒸気圧を、飽和水蒸気圧といいます。相対湿度は水蒸気圧からも求めることができ、式で表すと次のようになります。

$$\text{相対湿度（\%）}=\frac{\text{水蒸気圧}}{\text{飽和水蒸気圧}}\times 100$$

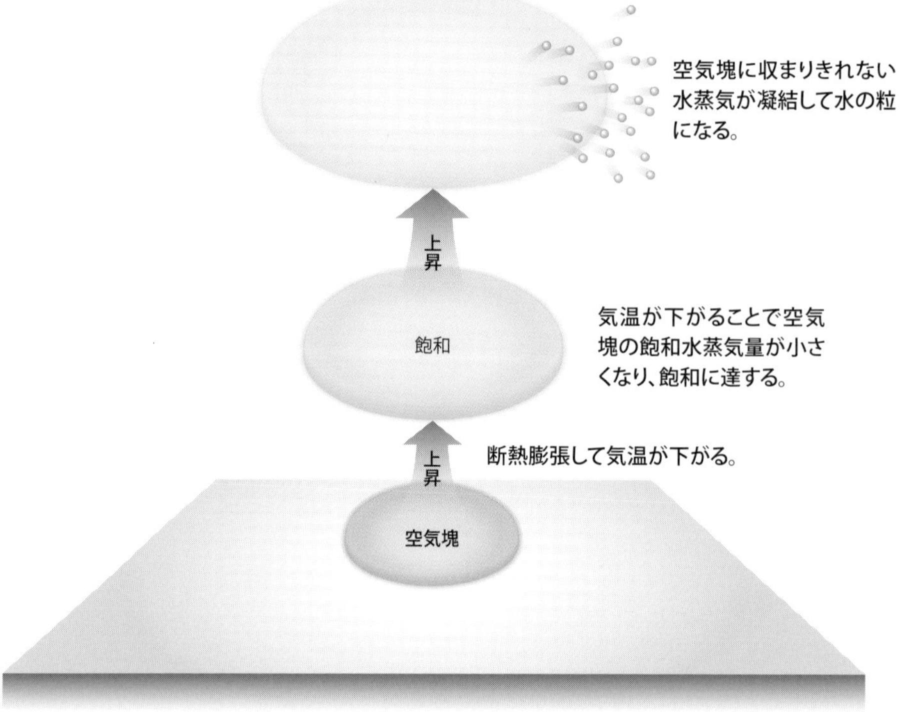

図1-4-3　空気塊の上昇と凝結

1-4-9　凝結核

空気中の水蒸気（気体）が凝結して水滴（液体）となるためには、水蒸気だけでは不十分であり、それ以外に微粒子が必要です。空気中に漂う微粒子をまとめてエアロゾルといいますが、凝結に必要なエアロゾルを凝結核といいます。凝結核があってはじめて、水滴が生まれ雲が形成されます。この水滴を雲粒（くもつぶ、うんりゅう）といい、気温が低いときは氷の結晶として存在します。凝結核には吸湿性、水溶性の高いものが望ましく、海水から蒸発した海塩粒子が代表的な凝結核です。その他、陸上では燃焼によってできた酸化物、土ぼこり、塵も凝結核となります。ここで、海塩粒子の方が酸化物、土ぼこり、塵よりも大きいので、海洋上の方が雲粒が大きくなります。そのため、海洋上の積雲の中では大陸上の積雲に比べて、単位体積当たりの雲粒が少なくなります。

1-4-10　対流

暖かく密度の小さい空気塊が浮力により上昇し、冷たく密度の大きい空気塊が重力で下降することを対流といいます。地表面が日射で暖められると地表付近に周辺と比べて暖かい部分ができます。これをサーマルといいます。サーマルは密度が小さいので浮力により上昇します。この上昇気流を補うため、まわりに下降気流が発生し対流が起きます。このとき発生する上昇気流は、雲が発生する原因となります。

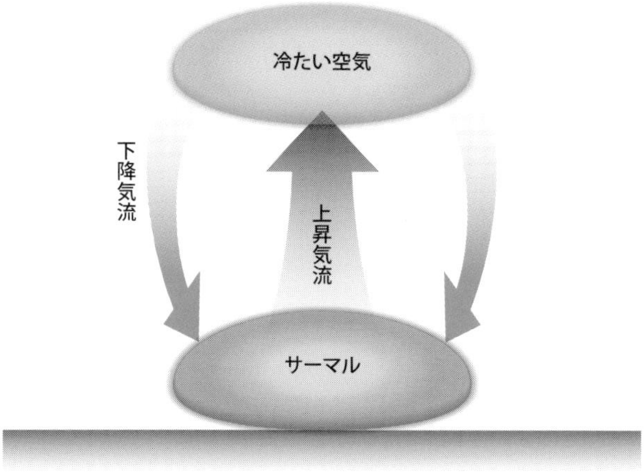

図1-4-4　対流

1-4-11　上昇気流の原因

雲の発生には上昇気流が必要となりますが、空気の上昇はどういうときに起こるのでしょうか。代表例として、次のようなものがあります。

上昇気流の原因

低気圧の中心に集まった空気の上昇	北半球では低気圧の中心に向かって反時計回りに吹き込んだ空気が、低気圧の中心付近で上昇に転じる。	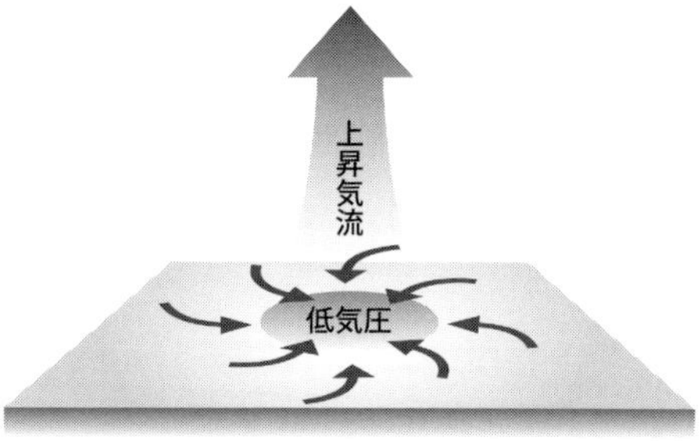
前線面での上昇	前線では暖かい空気と冷たい空気がぶつかり、暖かい空気が上昇する。	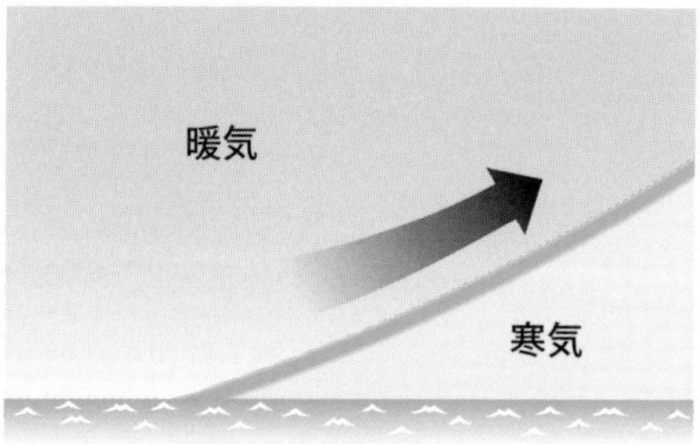
日射による上昇	太陽の日射により暖かくなった空気（サーマル）が上昇する。	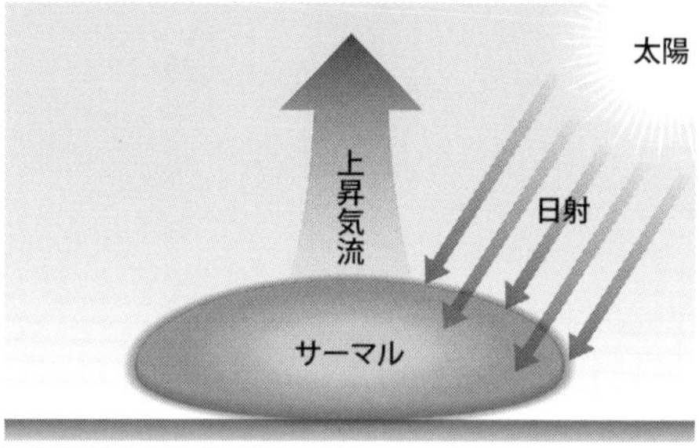
上層での空気の発散	上層で空気が発散すると、その下の空気が収束して上昇気流が発生する。	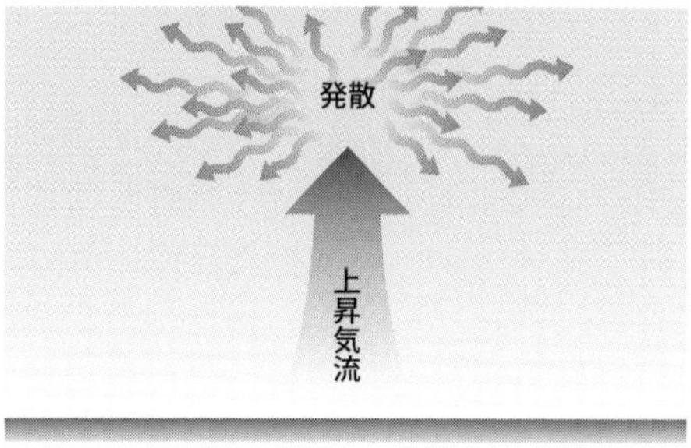
上層での寒気移流	上層に寒気が移流すると冷たい空気が重く沈み、下にある暖かい空気が上昇する。	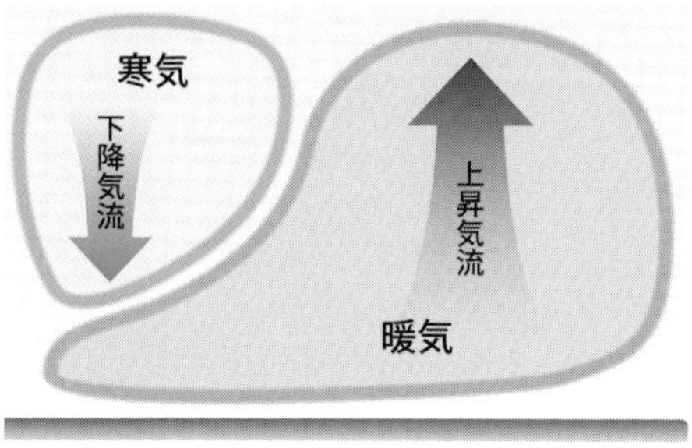

風による上昇	風により強制的に空気が山の斜面に押し上げられることにより、上昇気流が発生する。	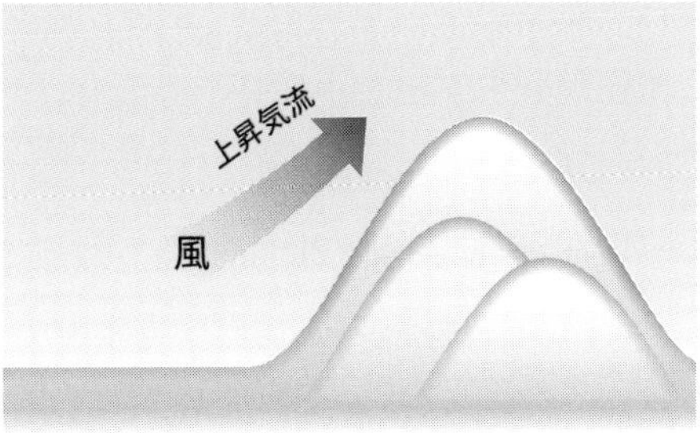

1-4-12　霧

水蒸気が凝結すると水滴が生じますが、水滴が空中に浮かんでいるときが雲で、地面に接しているときが霧となります。霧にもいろいろな種類があり、発生原因により、次のように分類されます。

放射霧

風が弱く雲がない夜には放射冷却（p.16）が起き、地上付近の気温が大きく下がります。そのため、地表付近の水蒸気が冷やされ凝結して、放射霧となります。放射霧は、日の出の後、気温が上がると蒸発して、次第に消滅します。

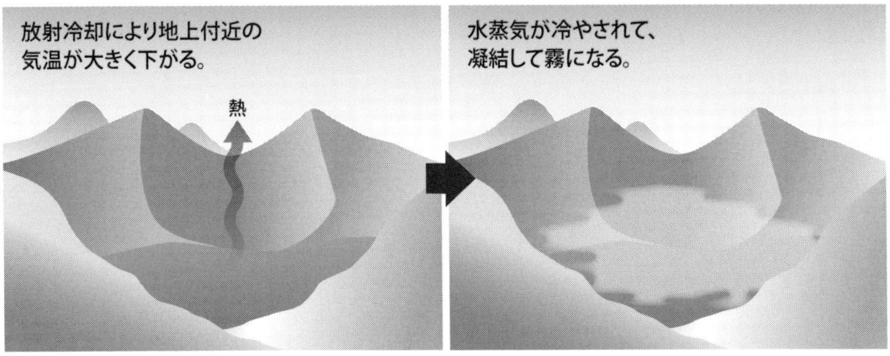

図1-4-5　放射霧

移流霧

冷たい地面や海面上に、暖湿な空気が移流し、冷やされることで発生する霧です。例として、北海道の東を南下する冷たい親潮の上に、南から暖かく湿った空気が移流してきたときに発生する移流霧があります。また、夏季に三陸沖から北海道南東部に海霧が発生しますが、その多くは移流霧です。海霧は陸上に達することもあり、海岸近くにある空港は、海霧による視程障害が発生し、離着陸が制限されることがあります。

海霧が発生すると予想される気象条件として、次の５つがあげられます。

（１）高気圧に広く覆われていて、低気圧や前線がないこと。

（２）海面温度が20℃未満であること。

（３）地表付近の気温と露点温度の差が０～２℃であること。

（４）弱い風が吹いていること。

（５）接地逆転層があること。

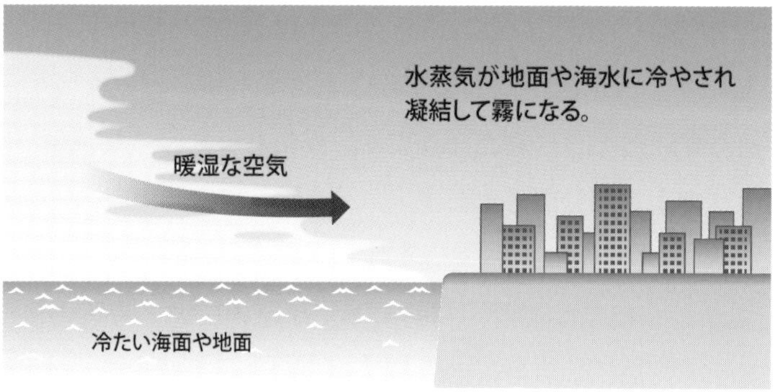

図1-4-6　移流霧

上昇霧

山の斜面に沿って空気が上昇し、断熱膨張により気温が下がり、水蒸気が凝結して発生する霧です。山の斜面に立つと霧の中にいると実感できますが、遠くから山の斜面を見ると、雲にも見えます。

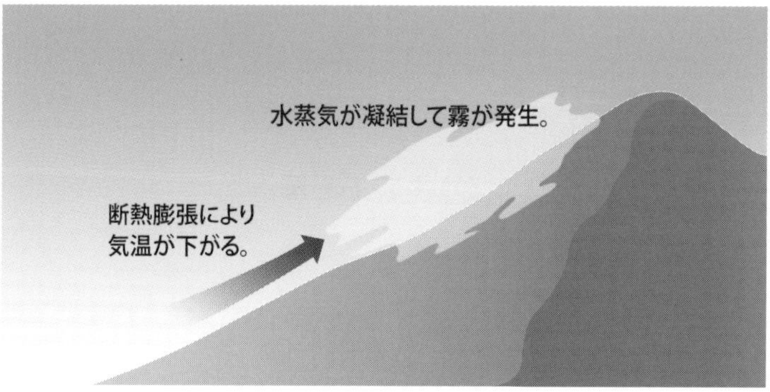

図1-4-7　上昇霧

蒸気霧

冷たい空気が温かい水面上に流れ込むとき、水蒸気が冷やされることにより、蒸気霧は発生します。

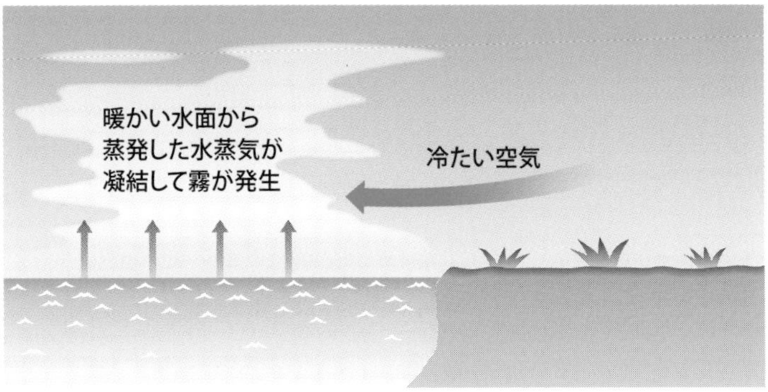

図1-4-8　蒸気霧

前線霧

温暖前線の上空は地上付近より気温が高いので、比較的暖かい雨滴が降ります。その一部が蒸発し、冷やされることにより、前線霧は発生します。

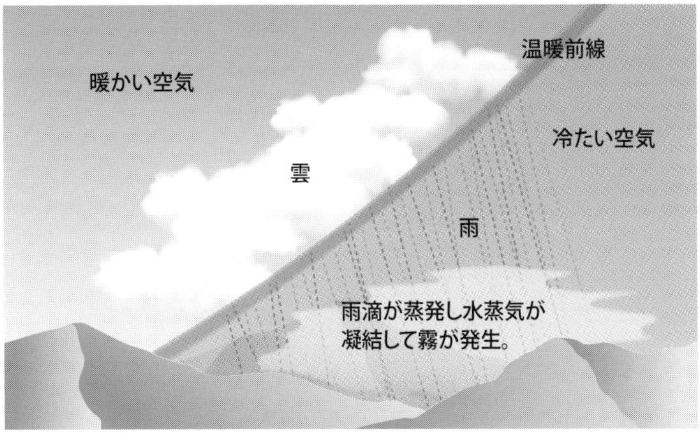

図1-4-9　前線霧

1-4-13　着氷

水は０℃で必ず凍るとは限りません。不純物を含まない水をゆっくり冷やすと、０℃以下になってもなかなか凍らず、液体のまま存在することがあります。これを過冷却といい、０℃以下でも液体のまま存在する水滴を、過冷却水滴といいます。過冷却水滴は、－40℃以下になると自然に凍結します。過冷却水滴は、わずかな刺激で凍るという性質があり、過冷却水滴が航空機に衝突すると着氷が起き、機体に氷が付着します。空中を飛ぶために必要な揚力が得られるように設計されている飛行機の翼ですが、着氷すると翼が変形したことと同じになり、揚力が減少してしまいます。同時に抵抗が増えて速度が落ちてしまいます。ピトー管や静圧孔という速度や高度などを計るための装置に着氷すると、正しい速度や高度などが得られなくなります。エンジンの空気取り入れ口についた氷がエンジンに吸い込まれると、エンジン内部が損傷してしまいます。プロペラ機の場合、プロペラに着氷すると推力が落ちてしまいます。その他、窓に着氷すると視界が遮られて外が見えなくなったり、タイヤ付近に着氷するとブレーキが利かなくなったりするなど、様々な影響があります。そのため、着氷しやすいところには、電気ヒーターやエンジンで暖められた空気などを利用して、着氷を除去、あるいは防止するための工夫が施されています。翼の前縁についた氷を除去するための装置として、防氷ブーツというものもあります。これは、翼の前縁に張られたゴムに着氷が発生したとき、ゴムを空気で膨張させることで氷を割るという仕組みです。割れた氷は翼に留まることができずに吹き飛ばされてしまいます。図1-4-11のミックスアイスの黒い部分が防氷ブーツです。このように、着氷を防いだり、除去したりするための装置を防除氷装置といいます。着氷は、気温が0℃以下で、雨や雲など湿度の高い空域を飛行したときに発生し、ひどい着氷は0℃～－10℃のときに起きます。ここで、航空機に備え付けてある外気温度計は、実際の外気温よりも高く表示される傾向があります。したがって、目安の一つとして、外気温度計で10℃以下のとき、雨や雲など湿度の高い空域の飛行を避けたり、防除氷装置を適切に使用することが重要です。

また、航空機への着氷は、速度、水滴の半径、水滴が衝突する物体の半径が影響しています。着氷の捕捉率は次の式で表されます。

$$捕捉率=\frac{Vr^2}{R}$$

V：速度

r：水滴の半径

R：水滴が衝突する物体の半径

捕捉率の式より、次のことがいえます。

（1） 速度が大きいほど着氷しやすい。

（2） 水滴の半径が大きいほど着氷しやすい。

（3） 水滴が衝突する物体の半径が小さいほど着氷しやすい。

（つまり、とがっているところは着氷しやすいといえます。）

航空機への着氷には、透明なもの、不透明なもの、固いもの、柔らかいものといった特徴を持つものがあり、次のような種類があります。

クリアアイス（Clear ice、雨氷）

色は透明から半透明で固いという特徴を持っています。大粒の過冷却水滴から発生することが多いため、比較的短時間で着氷します。大粒の過冷却水滴は、積雲系の雲に多く存在します。クリアアイスは物体の表面にとても固く付着するため、取り除くのが困難です。

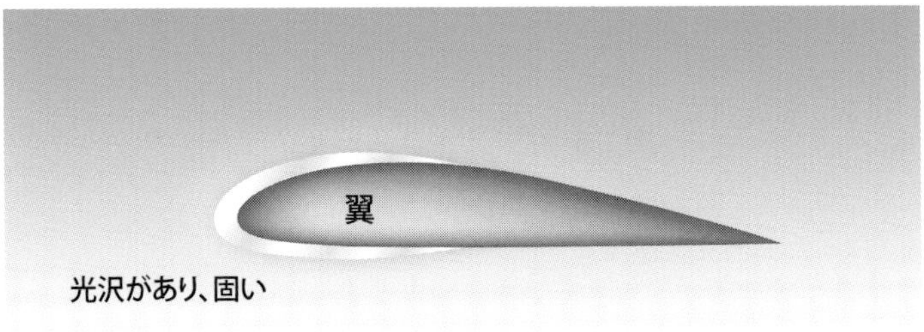

図1-4-10　クリアアイス

ライムアイス（Rime ice、樹氷）

白色から乳白色で表面は粗く、細かい粒の集合体のため砕けやすいという特徴を持っています。小粒の過冷却水滴から発生することが多いため、着氷までの時間はクリアアイスほど速くありません。小粒の過冷却水滴は、層雲系の雲に多く存在します。ライムアイスは、クリアアイスのように固くありません。

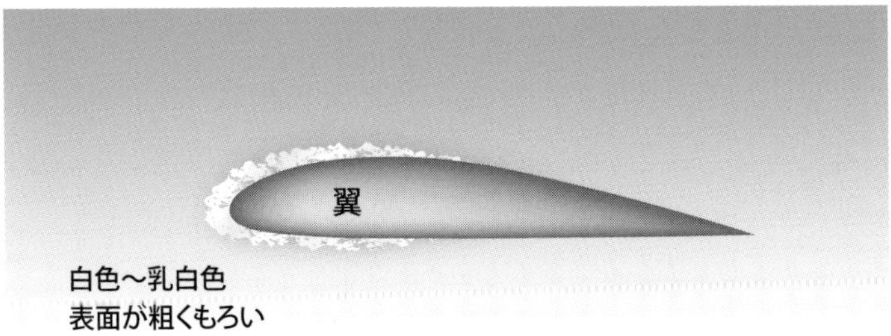

図1-4-11　ライムアイス

ミックスアイス（Mixed ice）

ライムアイスとクリアアイスが混在するものをミックスアイスといいます。

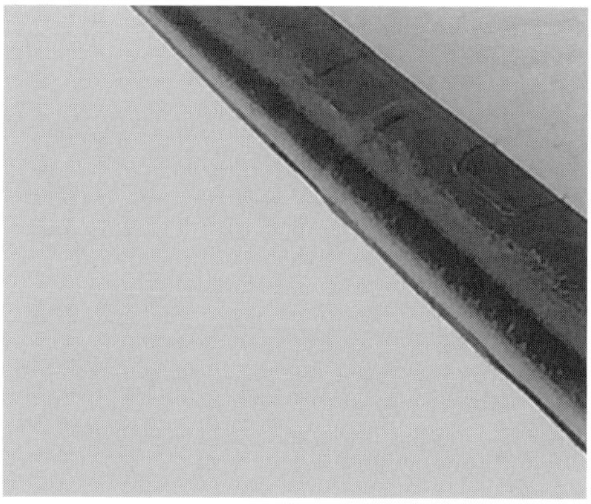

（著者撮影）

図1-4-12　ミックスアイス

フロスト（Frost、霜）

白色で、結晶構造のため軽いという特徴を持っています。0℃以下の場所から急に0℃以上の暖かく湿った場所に飛行したときに発生し、そのまま暖かいところを飛行すると、すぐに蒸発してしまいます。

1-4-14　キャブレターアイシング

着氷が起こるのは航空機の表面だけでなく、エンジンの内部でも発生します。小型飛行機やヘリコプターなど、キャブレターを備えるエンジンで発生します。キャブレターとはエンジン内にある気化器のことで、空気と燃料を混合させるために、燃料を蒸発させる装置です。つまり、キャブレターアイシングとは、エンジン内の気化器で発生する着氷のことです。例えば、燃料の蒸発により、気温が30℃近く下がることがあります。外気温が20℃位の湿った空域では、気化器は－10℃位になるため、ひどいキャブレターアイシングが発生する危険性があります。一般的に、外気温が20℃～－7℃の湿った空域でキャブレターアイシングは発生し、エンジン内部に流入する空気が減ってしまうため出力の低下を招き、最悪の場合エンジンが停止してしまいます。

1-4-15　雨・雪・あられ・ひょう

雨には、暖かい雨と冷たい雨があります。暖かい雨とは、雲粒（雲を構成している粒子）のすべてが小さな水滴でできている雲から降る雨のことをいいます。暖かい雨の雲粒の大きさは不ぞろいであり、強い上昇気流によって衝突・併合を繰り返すことで大きくなって、雨粒となります。冷たい雨とは、雲粒に小さな氷の粒を含んでいる雲から降る雨のことをいいます。暖かい雨は熱帯地方など暖かい地域で降ります。日本付近では、冷たい雲による冷たい雨が多くを占めています。

冷たい雲に含まれる氷の粒を氷晶といいます。氷晶は、空気中にある過冷却水滴が自発的に凍結するか、微粒子と衝突した刺激で凍結したり、過冷却水滴の中に存在している微粒子が発端となって凍結したり、微粒子に水蒸気が凍り付くためなどにより形成されます。なお、氷晶ができる発端となる微粒子を氷晶核といい、土ぼこりや黄砂などがあります。その氷晶が成長して重くなると落下し、途中で溶けると雨になります。気温が低くて地上まで溶けないと、途中で水蒸気が凍り付いて雪の結晶になります。雪が降るときの目安となる気温は、850hPa面の高度（地上から約1,500m）で－６℃以下、500hPa面の高度（地上から約5,400m）で－30℃以下です。また、雲中に過冷却水滴と氷晶が混在しているとき、過冷却水滴が氷晶に衝突を繰り返すことで次第に重くなり落下します。これが地上まで溶けなければ、透明で固い氷の粒である氷あられとなります。氷あられのほかに、雪あられというものがあります。雪あられは雪が落下中に結晶の表面が溶けた後、再び凍結したもので、柔らかくて白く不透明な氷の粒です。氷あられ、雪あられとも直径５mm未満です。

また、地表付近の気温が氷点下のため、落下中の雨粒が途中で凍ったものを凍雨（とうう）といいます。さらに、積乱雲の中には強い上昇気流があるため、落下中のあられ（氷あられ）が上昇気流によって上昇に転じ、雲粒とぶつかって成長し、重くなりまた落下します。しかし、また上昇気流に乗ってさらに成長するという経過を繰り返します。そして、その重さが上昇気流より勝るとき、地上に落下します。これがひょうです。ひょうは、あられが成長して５mm以上の大きさになったものです。

1-4-16　雷

積乱雲の中であられが上昇降下中に他のあられとぶつかったときに静電気が発生し、雲の中に電気がたまります。一定以上の電気がたまると放電が起きますが、これが雷です。放電が地上に達したものを対地放電（対地雷）、放電が地上に達しないものを雲放電といいます。

雷は熱雷、界雷、渦雷という種類に分けられます。熱雷は、日射による上昇気流が原因でできた積乱雲で起こる雷です。界雷は、前線面での上昇気流が原因でできた積乱雲で起こる雷で、前線雷ともいいます。渦雷は、低気圧の中心に集まった空気の上昇が原因でできた積乱雲で起こる雷です。

積乱雲が雷を伴って雨を降らせるものが雷雨です。雷雨の種類には気団性雷雨と巨大雷雨があります。積乱雲の一つひとつはセル（cell：細胞）または対流セルと表現されますが、気団性雷雨は個々の対流セルによる雷雨で、よく聞く言葉では夕立がこれにあたります。対流セルは主として風の鉛直シア（下層風と上層風の垂直方向での風向・風速の差）が弱いときに発生します。雨、ひょう、発雷といった現象がみられるのは、30分から１時間程度です（p.33参照)。

巨大雷雨にはマルチセル型雷雨とスーパーセル型雷雨があります。マルチセル型雷雨は組織化されてまとまって動く複数の対流セルによる雷雨で、突風やひょうを伴い、竜巻が発生することもあります。下降気流の先端にはガストフロントが発生し、そのガストフロントを乗り上げるように上昇気流が発生することで発生から消滅までの過程が繰り返され、数時間程度持続することもあります。図1-4-13は、下層風と中層風の風向の差が約90°になるケースです。複数の対流セルは概ね中層風の方向にまとまって移動し、個々の対流セルは発生から消滅までの過程を通り、古い対流セルが消滅しても新しい対流セルが発生するという循環が起きます。これは線状降水帯が発生するときの一例でもあります。線状降水帯が発生すると大雨災害の危険度が高まるため、2022年６月１日から気象庁により注意の呼びかけが開始されました。線状降水帯にはいくつかの型があり、その発生条件や構造などの細部は解明されていないため、さらなる研究が続けられています。

参考：気象庁による線状降水帯の定義

次々と発生する発達した雨雲（積乱雲）が列をなし数時間にわたってほぼ同じ場所を通過または停滞することで作り出される、長さ50～300km程度、幅20～50km程度の線状に伸びる強い降水域

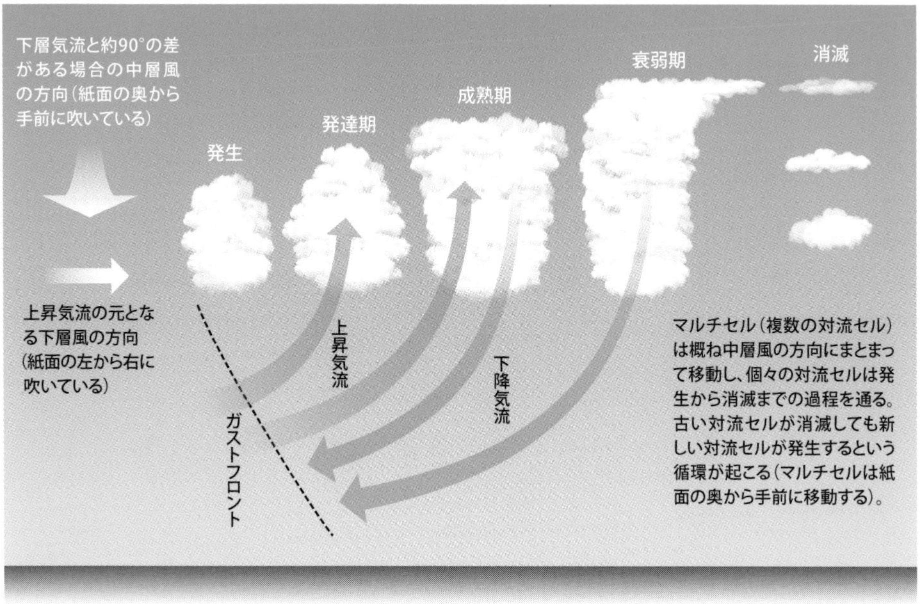

図1-4-13　マルチセル型雷雨の例

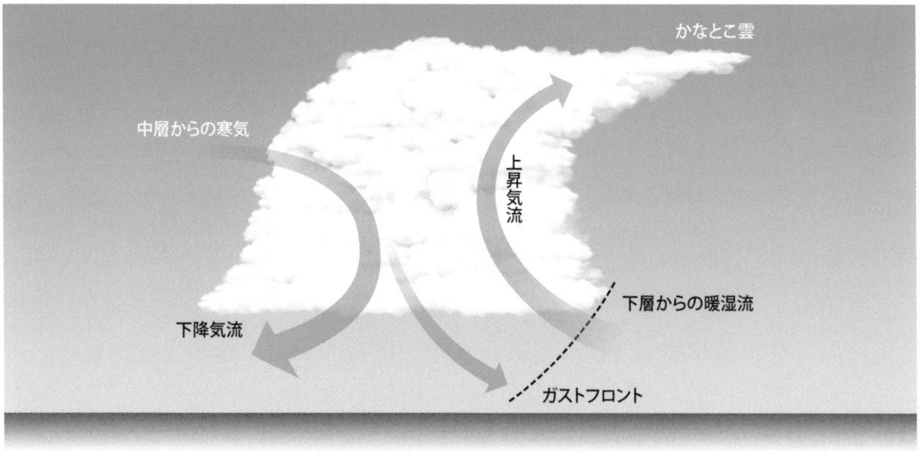

図1-4-14　スーパーセル型雷雨の例

1-5　大気の状態

1-5-1　空気密度

空気は温度によって、膨らんだり縮んだりします。一定の空気が膨張収縮すると、空気の濃さが違ってきます。それを数値で表したものが空気密度です。空気密度は、空気 1 m^3 あたりの質量（kg）です。式で表すと次のようになります。

$$\rho = \frac{m}{V}$$

ρ：密度（kg/m^3）
m：質量（kg）
V：体積（m^3）

暖かい空気は膨張して体積が大きいため、密度は小さくなります。冷たい空気は膨張していないので体積が小さいため、密度は大きくなります。

1-5-2　大気の安定度

安定・不安定・中立

雲の発生には、上昇気流が大切な要素になります。ところで、大気全体を見ると、上昇気流のところもあれば、空気塊が上昇しようとしても上昇しきれずに元の場所に戻ってしまうこともあります。じっとその場を動かない空気塊もあります。そのような状態について、空気塊と空気塊を囲む大気の温度差により、安定、不安定、中立に分けることができます。

対流が起きにくく、空気塊が上昇を継続できない状態を安定といいます。地上付近にある空気塊が周囲に比べて冷たく重い場合、大気の状態は安定しています。また、周囲より暖かい空気塊が一度上昇して、断熱冷却で温度が下がり重くなった結果、元の高度へ戻ろうとする状態も安定といいます。

次に、空気塊が上昇を継続する状態を不安定といいます。空気塊が周囲に比べて暖かく軽いと断熱冷却しながら上昇しますが、空気塊を囲む大気の温度が移動先でも低いと、空気塊は上昇を続けるので、大気の状態は不安定といえます。

さらに、移動する空気塊が周囲の温度と等しくなると、空気塊はその位置に留まりますが、そのような状態を中立といいます。

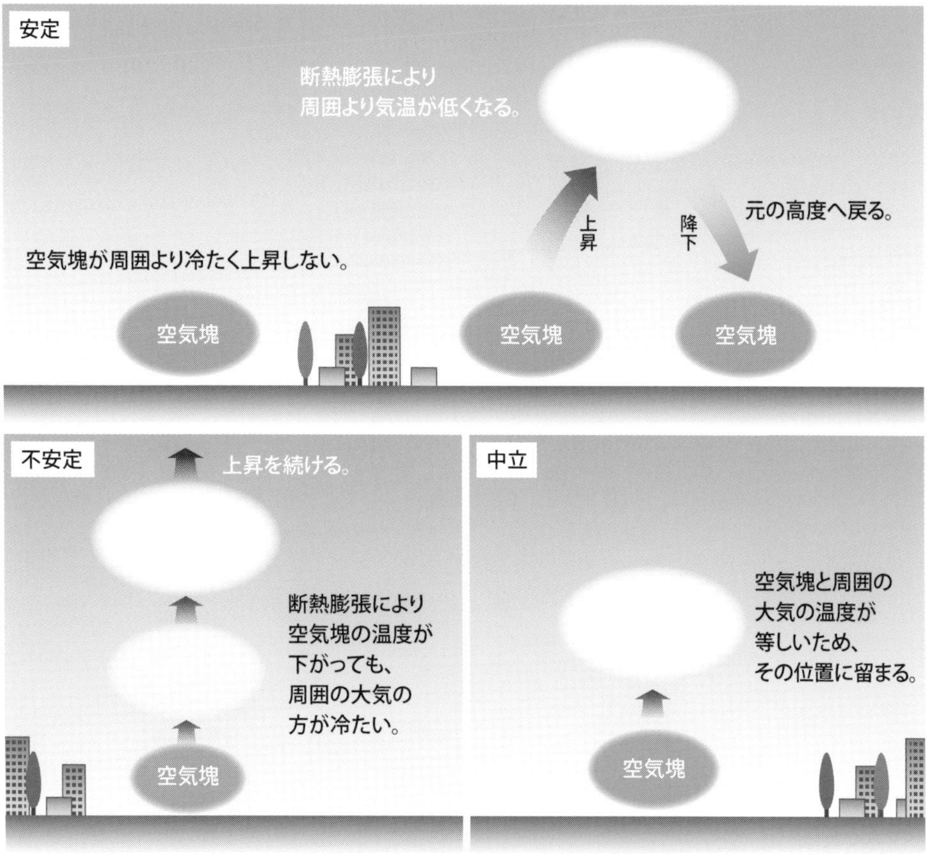

図1-5-1　大気の安定・不安定・中立

絶対安定・絶対不安定・条件付不安定

高度が上がると気温が減少する割合を数値で表したものが気温減率です(p.14)。この気温減率によって、絶対安定、絶対不安定、条件付不安定という分け方があります。

上昇する空気塊が上昇先で周囲にある空気よりも冷たい場合、空気塊は周囲より重いので下降します。この状態を絶対安定といいます。空気塊が上昇すると、乾燥断熱減率あるいは湿潤断熱減率に従って温度が下がります。空気塊の周囲にある大気の温度は、ラジオゾンデというゴム気球に吊るされた観測器により地上から高度約30kmまで実際に観測されます。実際に観測された大気の温度分布を状態曲線といいます。グラフで状態曲線は一直線になっていますが、状態曲線は実際の観測値なのでジグザグになります。絶対安定のとき、空気塊の気温減率である乾燥断熱減率及び湿潤断熱減率は、周囲の気温減率より大きいため、乾燥断

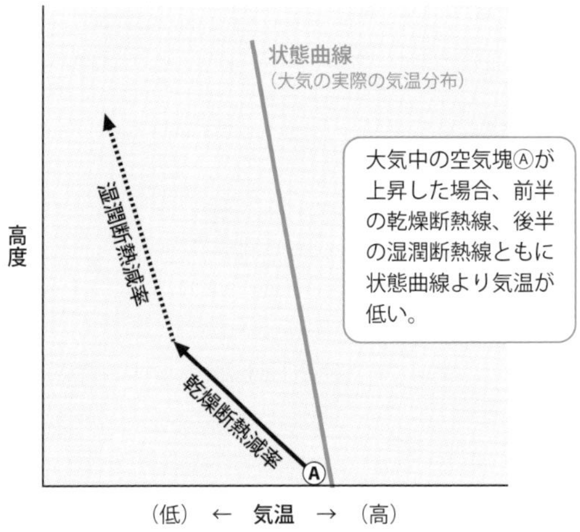

図1-5-2　絶対安定

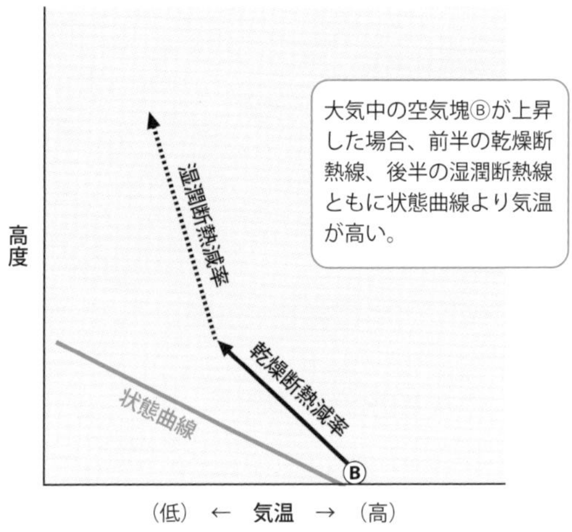

図1-5-3　絶対不安定

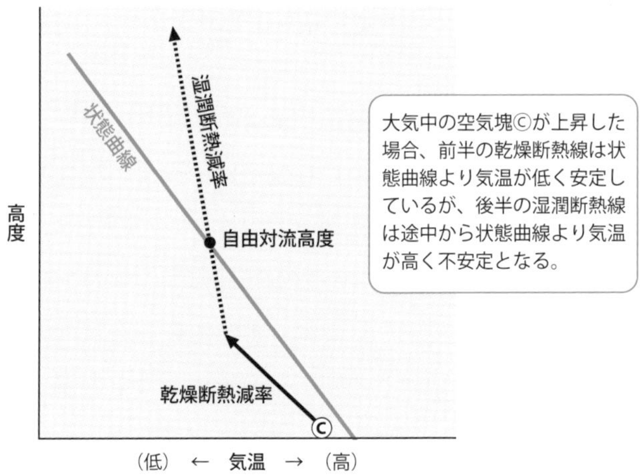

図1-5-4　条件付不安定

熱線及び湿潤断熱線は、状態曲線よりも寝た状態となります。

上昇する空気塊が上昇先で周囲にある空気よりも暖かい場合、空気塊は周囲より軽いので上昇します。この状態を絶対不安定といいます。絶対不安定のとき、空気塊の気温減率である乾燥断熱減率及び湿潤断熱減率は、周囲の気温減率より小さいため、乾燥断熱線及び湿潤断熱線は、状態曲線よりも立っています。

また、乾燥断熱減率に従って上昇する空気塊が、上昇先で周囲にある空気よりも冷たい場合、空気塊は周囲より重いので下降します。同じ空気塊が湿潤断熱減率に従って上昇すると、上昇先で周囲にある空気塊よりも暖かい場合、空気塊は周囲より軽いので上昇します。飽和していないと空気塊は安定し、飽和すると不安定なので、この状態を条件付不安定といいます。条件付不安定では、空気塊が乾燥断熱減率に従うとき周囲の気温減率より大きいため、乾燥断熱線は状態曲線よりも寝ています。また、空気塊が湿潤断熱減率に従うとき周囲の気温減率より小さいため、湿潤断熱線は状態曲線よりも立っています。状態曲線は、乾燥断熱線と湿潤断熱線に挟まれたような形になります。

ショワルター安定指数

大気の安定度を数値で評価する方法として、ショワルター安定指数があります。ショワルター安定指数とは、「気圧850hPaの高度にある空気塊を、気圧500hPaの高度まで上昇させたときの温度」と「周囲の温度」との差になります。

式で表すと次のようになります。

SSI（Showalter Stability Index）
＝（500hPaの気温）－（850hPaから500hPaに上昇させた空気塊の気温）

ショワルター安定指数が小さいほど大気は不安定となり、SSI≦０のとき、雷雨の可能性があります。SSI＞０のとき大気は概ね安定していますが、SSI＝２でも発雷の可能性があるので注意が必要です。

1-5-3　エマグラム

雲底高度や雲頂高度、積乱雲の発生しやすさなどを解析する方法があります。エマグラムは大気の状態を示すグラフで、横軸が温度、縦軸が高度、エマグラム内に乾燥断熱線、湿潤断熱線、等飽和混合比線が引かれています。

等飽和混合比

ある湿潤空気を水蒸気と乾燥空気に分けたとき、水蒸気の質量と乾燥空気の質量の比のことを混合比といい、単位はg/kgとなります。例えば、水蒸気15gと乾燥空気 1 kgを含んでいる湿潤空気塊の混合比は、15g/kgです。湿潤空気が飽和しているときの混合比を飽和混合比といいます。飽和混合比の数値が等しい部分を結んだ線が等飽和混合比線です。

飽和混合比は、次の式で表されます。

$$飽和混合比 w_s = 0.622 \frac{e_s}{p}$$

e_s：飽和水蒸気圧

p：気圧

エマグラムの折れ線の意味

エマグラムには折れ線が 2 本あり、右側の折れ線が気温分布を示し、左側の折れ線が露点温度の分布を示しています。

気温と露点が離れている部分は湿数が大きい状態であり、空気が乾燥していることを示しています。また、気温と露点がくっついているところは、空気が飽和し、水蒸気が凝結していることを示しています。したがって、気温と露点がくっついているところには、雲が存在する可能性が高いといえます。

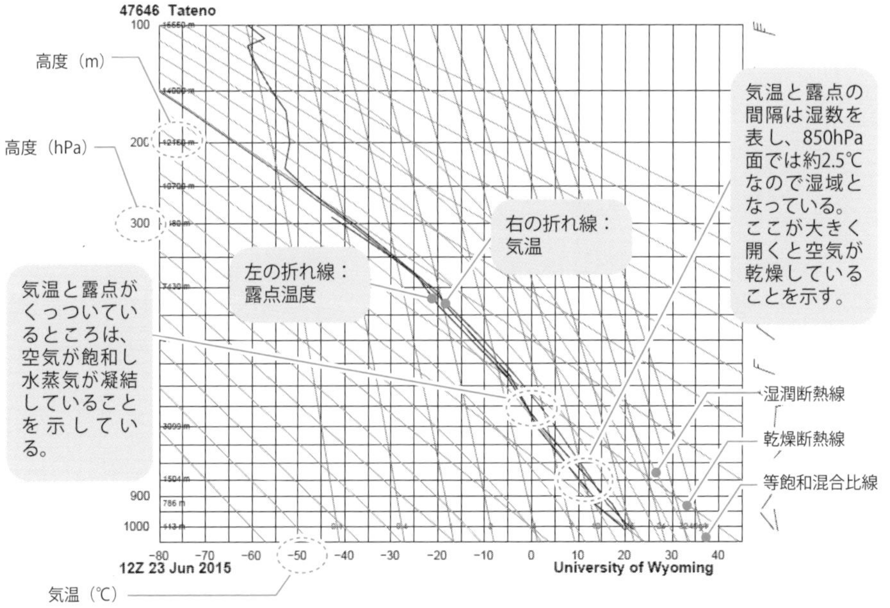

図1-5-5　エマグラム

雲底高度の求め方

図1-5-6において、地表面の露点温度Tdと交わる等飽和混合比線が、地表面の水蒸気量を表します。

（1）地表面にある気温Tの空気塊を、点アから乾燥断熱線に沿って上昇させます。

（2）Td点からの等飽和混合比線と交わる点イで空気塊は飽和に達し、この高度が雲底高度になります。

雲頂高度の求め方

（1）図1-5-6において、点イから湿潤断熱線に沿って上昇させます。

（2）点ウから空気塊は周囲よりも暖かくなるため、浮力を得て自然に上昇していきます。

（3）再び状態曲線と交わる点エから先は、空気塊の方が冷たくなるため自然上昇は止まります。点エの高度が雲頂高度になります。

積乱雲の発生しやすさを判断する方法

（1）図1-5-6のア－イ－ウで囲まれた部分では、空気塊は周囲より冷たいので外からの力が働かなければ下降しようとします。

　したがって、ア－イ－ウで囲まれた部分の面積が大きいほど積乱雲は発生しにくいといえます。

（2）図1-5-6のウ－エで囲まれた部分では、空気塊は周囲より暖かいので

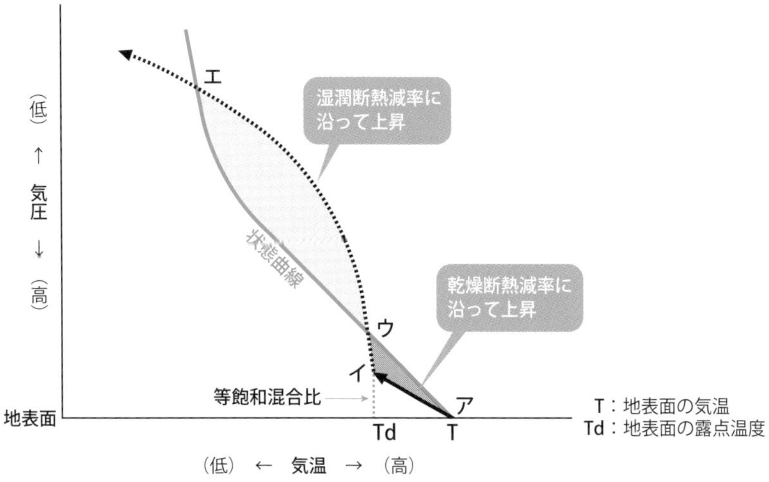

図1-5-6　エマグラムの活用

浮力により上昇していきます。

したがって、ウーエで囲まれた部分の面積が大きいほど積乱雲は発生しやすいといえます。

エマグラムで用いられる略語

図1-5-6のア〜エについて、次の略語が用いられます。

イ点：LCL（Lifted Condensation Level）；持ち上げ凝結高度

ウ点：LFC（Level of Free Convection）；自由対流高度

エ点：LNB（Level of Neutral Buoyancy）；中立浮力高度

アーイーウのエリア：CIN（Convective Inhibition）；対流抑制

ウーエのエリア：CAPE（Convective Available Potential Energy）；対流有効位置エネルギー

エマグラムからショワルター安定指数を導く方法

エマグラムからSSI（p.53）を求める方法を紹介します。

「500hPaでの状態曲線の温度」から「850hPaにある空気塊を500hPaまで上昇させたときの温度」を引いた値がSSIです。

図1-5-7において、

（1）850hPa高度の気温Tの空気塊を乾燥断熱線に沿って上昇させます。

（2）850hPa高度のTd点からの等飽和混合比線と交わる点で空気塊は飽和に達するので、そこから湿潤断熱線に沿って500hPa高度まで上昇させます。500hPa高度での空気塊の気温がイになります。

（3）状態曲線の500hPa高度での気温は、アになります。

（4）SSI＝気温アー気温イとなります。

例えば、

気温ア＝（－5）℃、気温イ＝（－1）℃とすると

SSI＝（－5）－（－1）

＝（－5）＋1

＝（－4）℃

となり、大気は不安定であることが分かります。

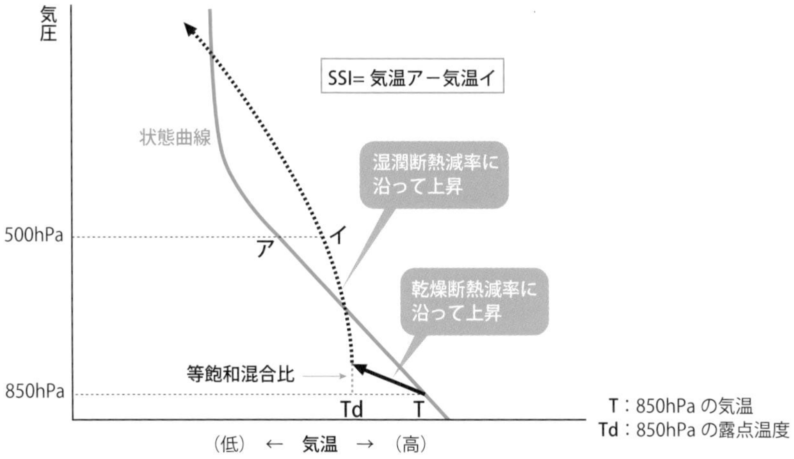

図1-5-7　エマグラムからSSIを導く方法

1-6　風

1-6-1　風による離着陸制限と対地速度

風は航空機の運航において非常に多くの影響を与えます。正面から吹いてくる風を正対風（headwind）、後ろから吹いてくる風を背風（tailwind）、横から吹いてくる風を横風（crosswind）といいます。離着陸では、通常、風の正対風成分に向かうようにして滑走路を使用します。ただし、弱い風であれば、背風成分を受けた状態での離着陸も可能です。しかし、強い背風成分での離着陸は、離陸距離と着陸距離が大きく伸びてしまい危険なので禁止されています。また、定められた横風制限を超えれば、離陸することも着陸することもできません。これは、横風制限を超えると、機体をコントロールできなくなってしまうためです。また、飛行している航空機の地面に対する速度を、対地速度（ground speed）といいます。上空で向かい風が吹いていれば対地速度は遅くなり、逆に追い風があれば対地速度は速くなり、どちらの場合も目的地への到着予定時刻が変わってきます。対地速度については、「4-3-5 降下～着陸（p.197）」に具体例があります。

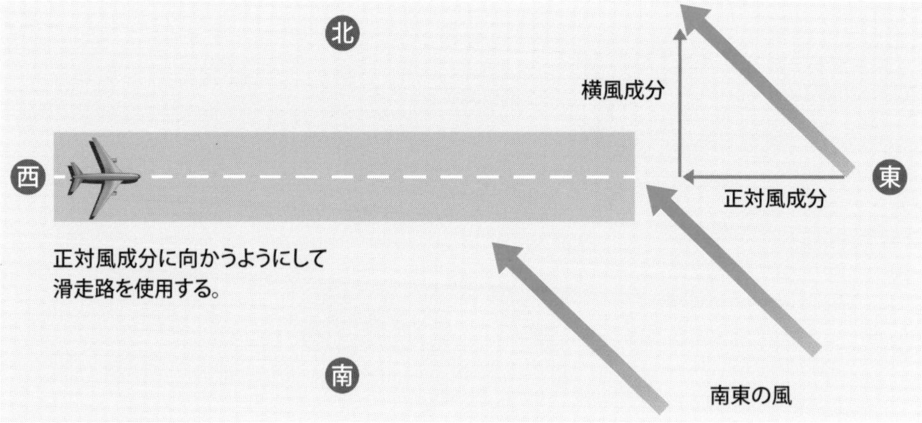

図 1-6-1　風の成分

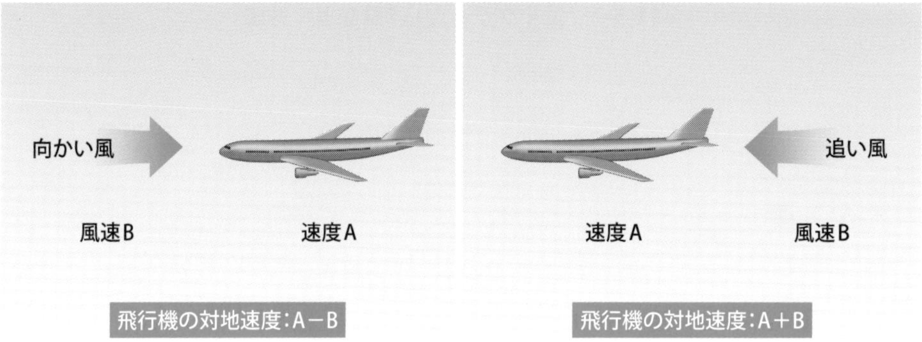

図 1-6-2　対地速度

1-6-2　気圧傾度力

風向・風速はどのように決定されるのでしょうか。水が高いところから低いところへ流れるのと同様に、空気も気圧の高いところから低いところへ移動します。これを気圧傾度力といいます。水が流れるとき、高低差が大きいほど流速が大きいのと同様に、高圧部と低圧部の気圧差が大きいほど、風速は大きくなります。ここで地球が自転していることで働くコリオリの力により、高圧部から低圧部へ吹く風は、最大90度曲げられます。コリオリの力は物体の運動方向を北半球では右に、南半球では左に変えようとします。その結果、北半球の高気圧は時計回りの風が吹き、低気圧は反時計回りの風が吹くことになります。

1-6-3　コリオリの力

回転する座標系において、運動する物体に働く外見上の力のことをコリオリの力といいます。転向力ともいいます。

単位質量当たりのコリオリの力は、次の式で表すことができます。

$$\text{コリオリの力} = 2\,\Omega V \sin\varphi$$

Ω：地球の角速度　7.29×10^{-5}（rad／秒）

V：風速

ϕ：緯度

Ωの求め方：地球は1日に360°自転するので、

$$\Omega = \frac{360^\circ}{1\text{日}} = \frac{2\pi\ (\text{rad})}{24\ (\text{時間}) \times 60\ (\text{分}) \times 60\ (\text{秒})}$$

$$= 7.29 \times 10^{-5}\ (\text{rad／秒})$$

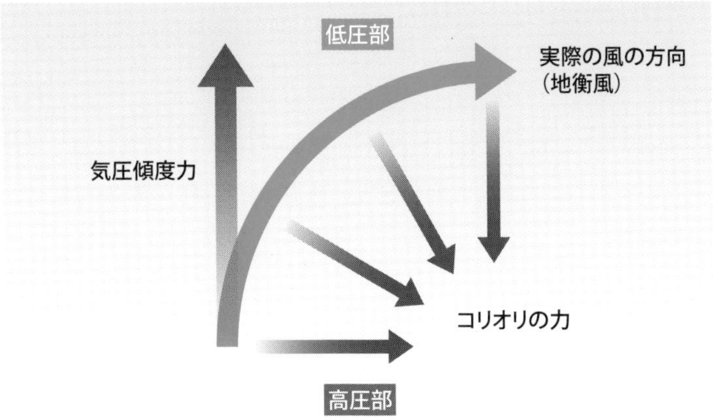

図1-6-3　コリオリの力による風向の変化

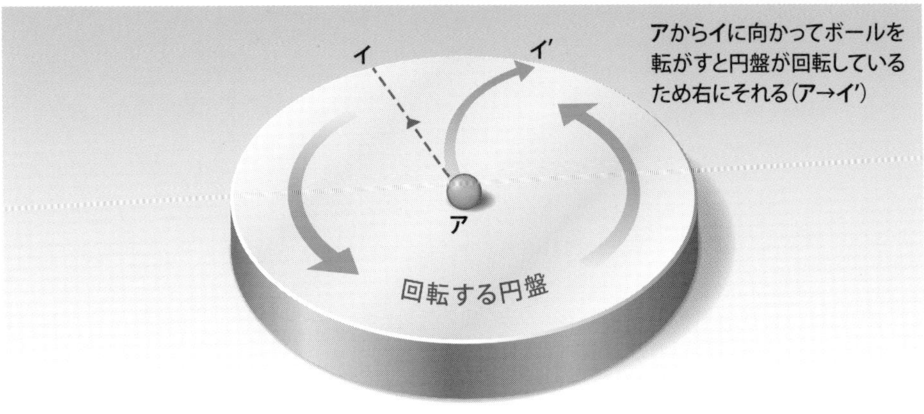

図1-6-4　コリオリの力

1-6-4　地衡風と傾度風

気圧傾度力にコリオリの力を考慮したものを地衡風《ちこうふう》といいます。

さらに、等圧線が湾曲していると遠心力が働くため風向に影響を及ぼします。気圧傾度力とコリオリの力と遠心力をあわせた風を傾度風《けいどふう》といいます。遠心力は時計回りの高気圧性のとき気圧傾度力を強めるので、地衡風より傾度風のほうが強くなります。逆に遠心力は反時計回りの低気圧性のとき気圧傾度力を弱めるので、地衡風より傾度風のほうが弱くなります。

1-6-5　地表付近での摩擦の影響

さらに、地表付近では地面や水面との摩擦が風向に変化を加えます。風がコリオリの力で曲げられていく途中、等圧線と平行になる手前で、コリオリの力と摩擦力の合力が気圧傾度力とつりあいます。実際に吹く風に対して直角にコリオリの力が働くので、気圧傾度力、摩擦力、コリオリの力、風の関係は、図1-6-7のようになります。なお、ここでは、図を分かりやすくするため、遠心力の記載は省略しました。摩擦力まで考えると実

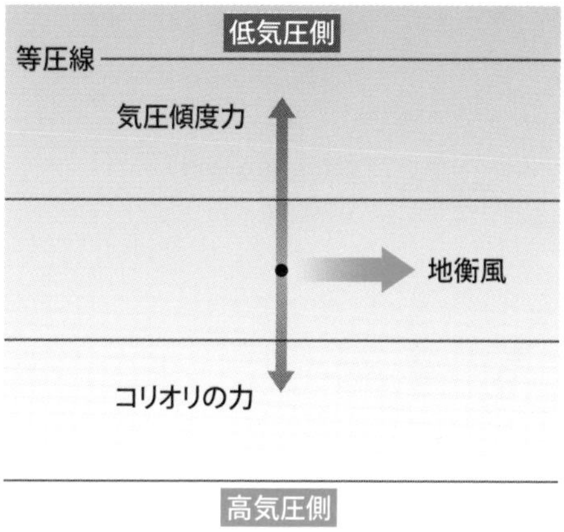

図1-6-5　地衡風

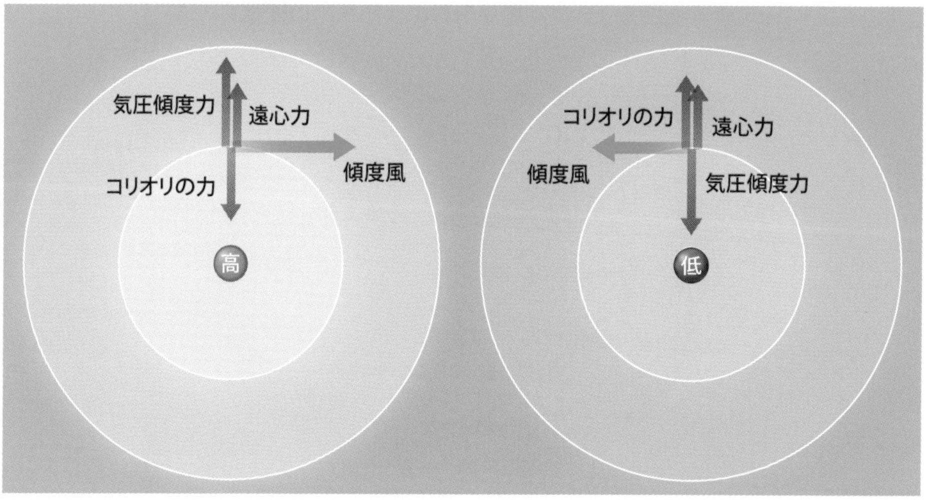

図1-6-6　傾度風

際に吹く風と等圧線との角度は、摩擦の影響が大きい陸上で約35°、摩擦の影響が小さい海上で約25°になります。こうした力の組み合わせにより、高気圧では中心から風が吹き出し、低気圧では中心に向かって風が吹き込みます。

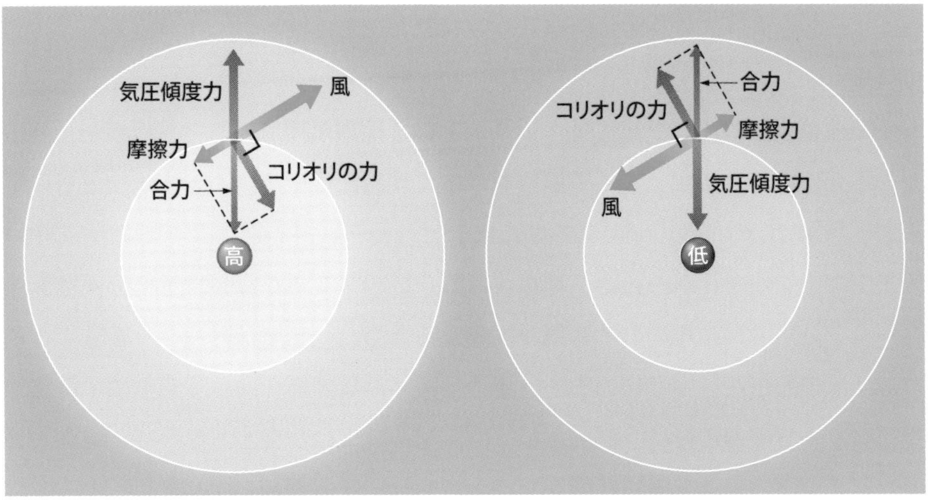

図1-6-7　高気圧、低気圧の摩擦を考えた風

1-6-6　地球規模の風

極偏東風

北極と南極にある高圧部を極高圧帯といいますが、極高圧帯から吹き出す東寄りの風を極偏東風といいます。ここで、北緯及び南緯60°付近には、周囲より気圧が低い亜寒帯低圧帯があります。「亜寒帯低圧帯付近での上昇気流」は極のほうへ流れて、「極高圧帯付近での下降気流」へと続く循環が起きています。これを極循環といいます。極偏東風は、極高圧帯付近から下降した空気が低緯度側へ流れる際に、コリオリの力によって曲げられるために東よりの風となります。

貿易風

北緯及び南緯20°～ 30°付近で帯状に広がる高圧部を亜熱帯高圧帯、赤道付近で帯状に広がる低圧部を赤道低圧帯といいますが、亜熱帯高圧帯から赤道低圧帯に向かって吹く対流圏下層の東寄りの風を貿易風といいます。北半球では北東貿易風、南半球では南東貿易風が吹きます。ここで、「赤道低圧帯付近での上昇気流」は高緯度側へ流れて、「亜熱帯高圧帯付近での下降気流」へと続く循環が起きています。これをハドレー循環といいます。貿易風は、亜熱帯高圧帯付近から下降した空気が赤道側へ流れる際に、コリオリの力によって曲げられるために、東よりの風となります。また、北東貿易風と南東貿易風がぶつかって収束する地帯を熱帯収束帯といい、積乱雲が発生しやすい場所となっています。

偏西風

中緯度地帯の対流圏上層には、偏西風という地球規模で見ると蛇行した、西よりの風が吹いています。ここで偏西風が吹く理由について説明します。ともに気圧がp_1（hPa）の「赤道側にある地点Ａ」と「極側にある地点Ｂ」でのp_2（hPa）面までの空気層を比べたとき、地点Ａは暖かいので空気が膨張するため、空気層は厚く、地点Ｂは冷たいので空気が圧縮するため、空気層は薄くなります。ここで、空気の厚さを層厚といいます。赤道で暖められて極へ向かう空気は中緯度地帯でコリオリの力を受け、西風として吹く地衡風になります。さらに、地点Ａと地点Ｂの層厚の差は、気温が低くなる上空へ行くほど大きくなります。よって、上空へ行くほど気圧傾度力が大きくなるので、地衡風が強くなります。この上空に行くほど強くなる地衡風が偏西風に当たります。偏西風の影響により日本付近の天気は西から東へ変化することが多くなっています。中緯度地帯での南北の熱輸送は、偏西風の波動によるものなので、極循環とハドレー循環とは性質が異なります。この中緯度地帯での循環を、フェレル循環といいます。

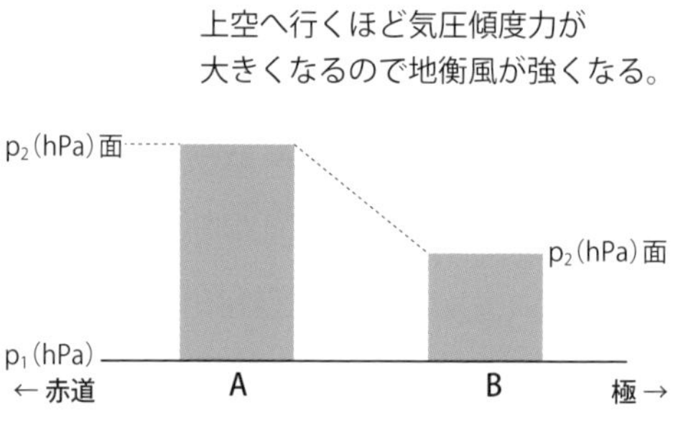

地点Ａと地点Ｂの層厚

ジェット気流

上層で特に風速が強いところをジェット気流といいます。日本付近では、寒帯前線ジェット気流（Jp）と亜熱帯ジェット気流（Js）が見られます。寒帯前線ジェット気流はフェレル循環の極側の上空にあり、亜熱帯ジェット気流はハドレー循環の極側の上空にあります。南北の温度差が小さくなる夏季のジェット気流は弱く、極側に移動します。一方、南北の温度差が大きくなる冬季のジェット気流は強く、赤道側に移動するため、寒帯前線ジェット気流は日本列島の上空付近に位置します。冬季、ヒマラヤ山脈とその周辺の山岳地帯の東側で、２本のジェット気流が合流することがあり、風速は200kt（ktについてはp.86参照）に達することもあります。ジェット気流の解析は、200hPaあるいは300hPa高層天気図を用います。

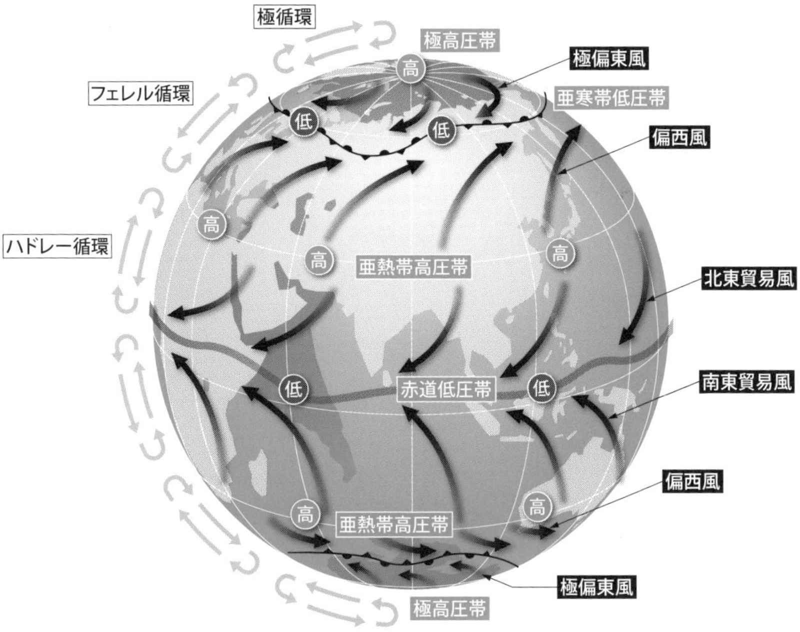

図1-6-8　極偏東風、偏西風、貿易風

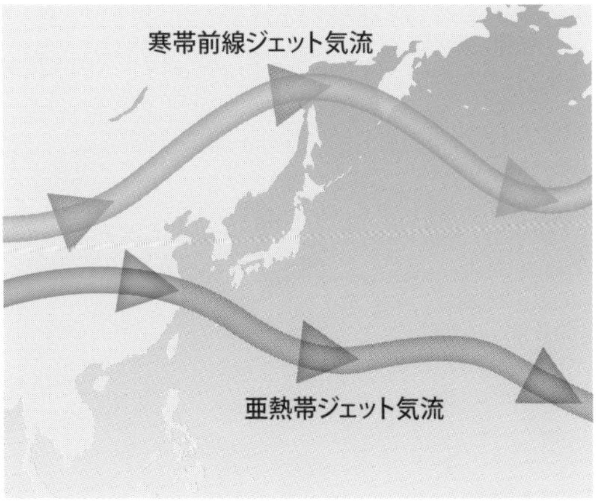

図1-6-9　日本付近のジェット気流

エルニーニョ現象とラニーニャ現象

エルニーニョ現象は、南米ペルー沖の海面水温が高くなり、半年から１年ほど続く状態をいいます。普段、この辺りには貿易風という東風が吹いていますが、貿易風が弱まると西から暖かい海水が押し寄せてくるため海面水温が高くな

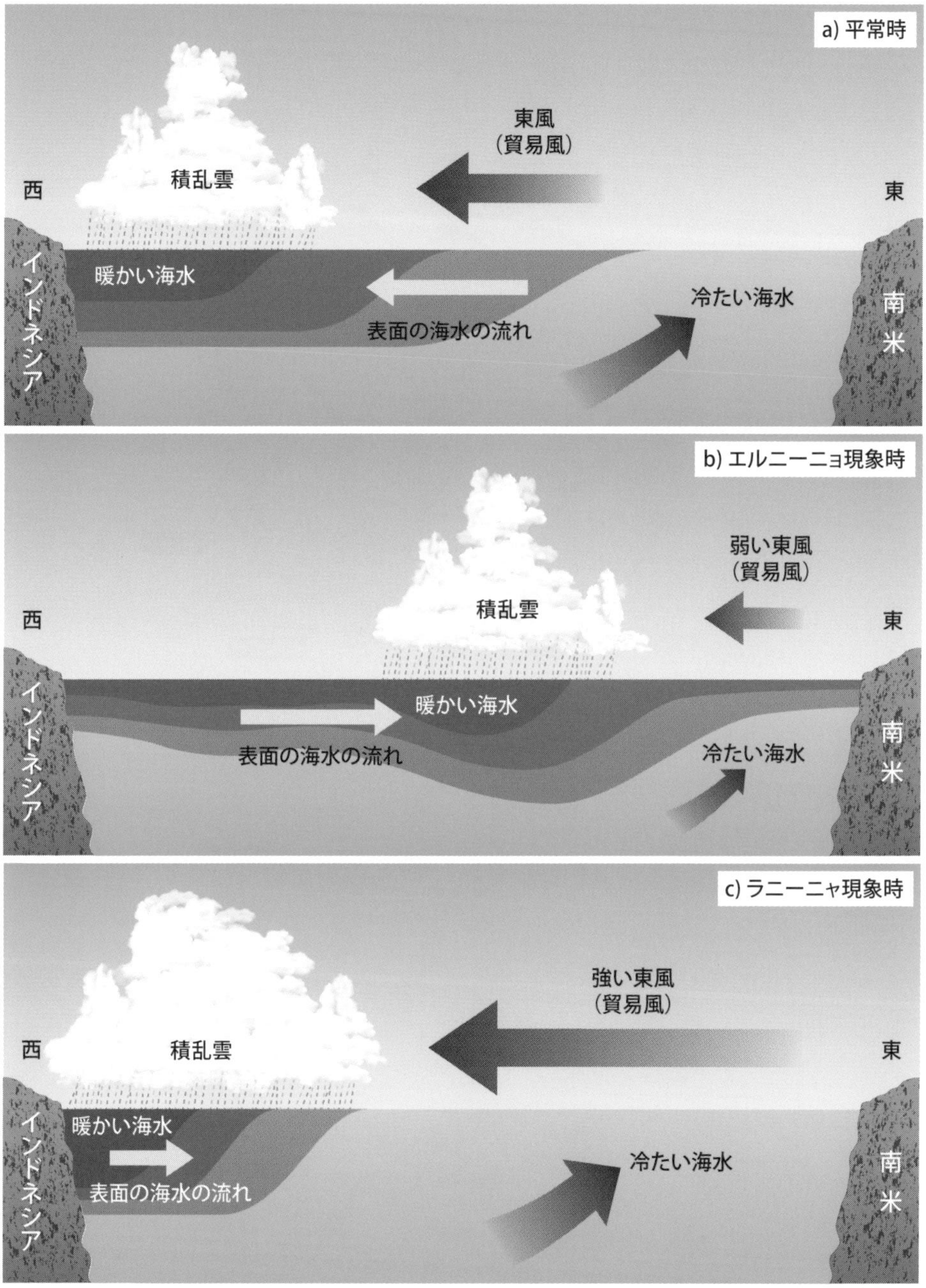

図1-6-10　エルニーニョ現象とラニーニャ現象

ります。海面水温の高い海域が東へ移動したため、太平洋赤道域で積乱雲の発生する地域が普段より東になります。一方、ラニーニャ現象は、南米ペルー沖の海面水温が低くなる現象です。貿易風が強くなるため暖かい海水が西へと追いやられ、代わりに深海から冷水が湧き上がってくるため、海面水温が低くなります。冷水がペルー沖に湧き上がった代わりに、それまであった暖水はインドネシア方面に追いやられます。その結果、インドネシア方面で積乱雲の発生がより盛んになります。エルニーニョ現象、ラニーニャ現象により、地球上の様々な地域で、異常気象が誘発されます。

1-6-7　海陸風

海岸線を挟んで隣接する海と陸の温度を考えると、海は陸に比べて暖まりにくく冷めにくいので、昼間は陸のほうが早く暖まり、夜間は陸のほうが早く冷えます。１gの物質を１K（ケルビン）上昇させるのに必要な熱量を比熱といいますが、暖まりやすく冷えやすい陸上は比熱が小さいといえます。反対に、暖まりにくく冷えにくい海上は比熱が大きいといえます。

昼間、早く暖まった陸上は気圧が低下し、相対的に海上の気圧は高くなります。その結果、気圧の高い海上から、気圧の低い陸上に風が吹きますが、これを海風といいます。陸へ向かう冷たい海風と、暖かい陸上の空気の境界を、海風前線といいます。海風前線の多くは、日出後２～３時間で発生します。雨が降った後のように陸地が湿っている場合、蒸発するときの潜熱吸収により、乾燥時に比べて温度上昇が小さくなり気圧の低下が押さえられるため、海風は弱くなります。一方、夜間、早く冷えた陸上は気圧が上がり、相対的に海上の気圧は低くなります。その結果、気圧の高い陸上から、気圧の低い海上に風が吹きますが、これを陸風といいます。海へ向かう冷たい陸風と、暖かい海上の空気の境界を、陸風前線といいます。海陸風は、広い地域に渡って吹く一般風が弱いときに、はっきりと現れます。

海風と陸風が交代するとき無風状態になりますが、これを凪（なぎ）といいます。夕方に海風がやむ時を夕凪といい、朝に陸風がやむ時を朝凪といいます。

1-6-8　山風と谷風

山や谷では、地形特有の風が吹きます。晴れた日の夜、放射冷却（p.16）により山の斜面の空気が冷やされて重くなり、谷底へ下降する風を斜面下降風、ま

図1-6-11　海陸風

たは、カタバティック風といいます。山から吹きおろして谷へ、そこから平野部へ吹く風を、まとめて山風といいます。一方、晴れた日の日中、山の斜面が日射で暖められて軽くなり、斜面に沿って上昇する風を斜面上昇風、または、アナバティック風といいます。平野から谷へ、そこから山の斜面を吹き上げる風を、まとめて谷風といいます。谷風が吹くときは上昇気流があるので、雲ができやすいといえます。山谷風は、日射のよく当たる山の南斜面のほうが、強くなる傾向にあります。

図1-6-12　山風と谷風

1-6-9　晴天乱気流

圏界面付近にあるジェット気流周辺には、晴天乱気流（CAT（Clear Air Turbulence）；キャット）というタービュランスが存在していることがあります。「超高速で流れるジェット気流」と「その周辺に存在する大気」の境界付近で、両者の速度や移動方向の違い（ウィンドシア；cf 低層ウィンドシア）などにより発生する不安定波が、晴天乱気流（CAT）の原因と考えられています。この不安定波をケルビン・ヘルムホルツ波といい、絶対温度（K；ケルビン）のところで出てきた物理学者ケルビン卿とドイツの物理学者／生理学者ヘルマン・フォン・ヘルムホルツの名に由来しています。ケルビン・ヘルムホルツ波が存在するところには、波状の雲が発生することがあります。その他、パイロットが認識可能な晴天乱気流（CAT）の兆候には次のようなものがあります。

（1） 速度計の不規則な変化
（2） 外気温の急激な変化（1℃/分 以上）あるいは0.1℃桁数値の不規則な変化
（3） 操縦桿の小刻みな振動
（4） 風速の急激な増加

（写真：岩槻秀明）

図1-6-13　ケルビン・ヘルムホルツ波

1-6-10　山岳波

風が山を越えた後に、下降気流と上昇気流が繰り返されることがありますが、その波動を山岳波といいます。上昇気流のところでは凝結による雲が発生しますが、それを吊るし雲といいます。吊るし雲の下には、ローターと呼ばれる空気の循環があると予想できます。山岳波が予想される空域の気流は非常に悪く危険なので、避けて飛行しなければなりません。

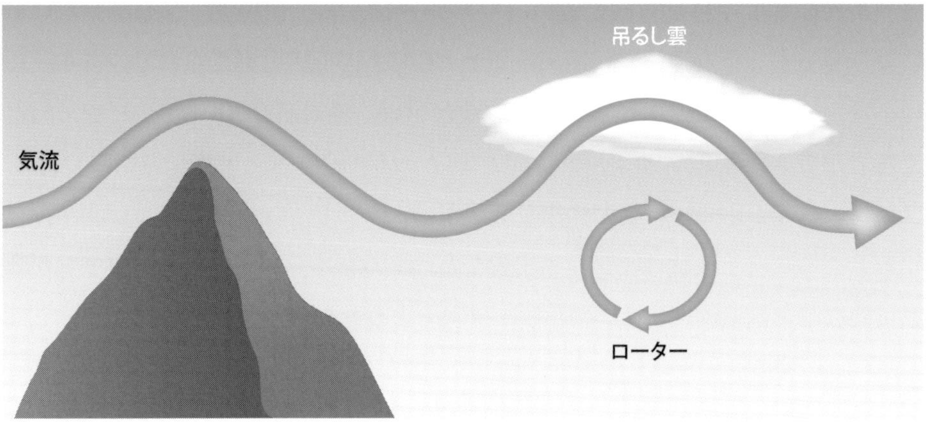

図1-6-14　山岳波

1-6-11　ウェークタービュランス（後方乱気流）

飛行する航空機の後方に発生する乱気流をウェークタービュランス（後方乱気流）といい、特に小型機が中・大型機の後方乱気流に巻き込まれると操縦性が著しく低下します。後方乱気流の多くは翼端から発生する翼端渦で、機体が重く低速飛行で、フラップの角度が浅いほど、大きなウェークタービュランスが発生します。

風が弱いとウェークタービュランスはその場に残りやすいので、十分な間隔をとって飛行する必要があります。

後方乱気流の恐ろしさ

後方乱気流管制間隔は、飛行機の後ろに発生する乱気流の影響を避けるために設定された管制間隔です。特に中・大型機の後ろには、想像を絶するほどの後方乱気流があります。私の体験談ですが、上空を吹く風が弱かったため中型機の後方乱気流が残っていたらしく、小型機でその中に入ってしまったことがあります。ドスンと瞬間的な上下の揺れがあり、自分の体が浮き上がったような感覚がありました。揺れも怖いですが、飛行機が後方乱気流に揺さぶられ、コントロールできない状態が発生することがあり、とても危険です。この時は、飛行機をコントロールできる状態でしたが、もし大型機の後方乱気流ならどうなっていただろうかと想像するとぞっとします。後方乱気流は目に見えないので、十分に注意しなければなりません。

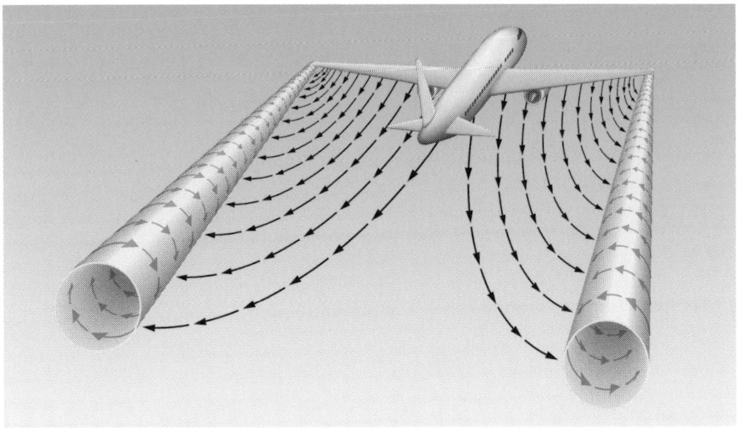

図1-6-15　ウェークタービュランス

1-6-12　ダウンバースト

積乱雲による影響は、集中豪雨だけではありません。ひょう、雷、竜巻などのほか、とても強い吹きおろしの風があります。積乱雲から発生する非常に強い冷たい下降気流をダウンバーストといい、地表に到達すると放射状に広がり周辺に強風をもたらします。広がりが4 km未満のものをマイクロバースト、4 km以上のものをマクロバーストといいます。航空機がダウンバーストに遭遇すると向

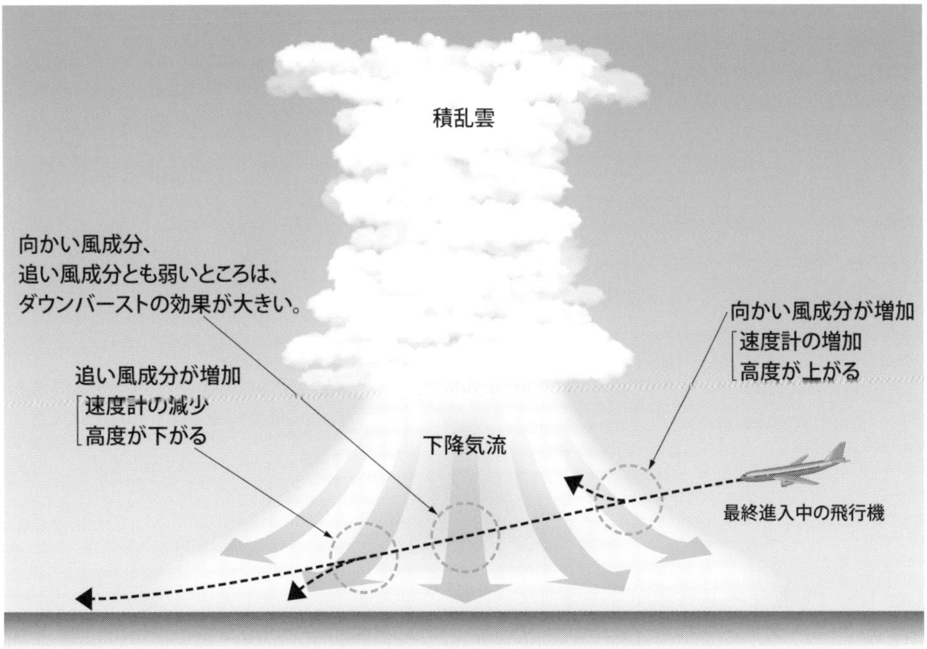

図1-6-16　ダウンバースト

かい風成分や追い風成分が大きく変化し、意図する経路を飛行できなくなる可能性があり大変危険です。そうなる前に、積乱雲が予想される空域への飛行計画を立てないことや、迂回ルートを検討しておくなどの対策をとっておくことが重要です。

1-6-13　ガストフロント

積乱雲のダウンバーストの影響は、積乱雲の真下だけではありません。積乱雲からのダウンバーストが地上で発散したときの先端部分と、周囲の暖気との間に形成される前線を、ガストフロントといいます。突風前線ともいいます。ガストフロント付近では、突風や風向風速の急変、気圧の急激な上昇、気温の急激な降下があります。もし、航空機の進入コース上にガストフロントがあった場合、気流の乱れや上昇気流の影響により、進入コースを逸脱する恐れがありとても危険です。積乱雲の動向には、飛行前から十分に注意しておく必要があります。

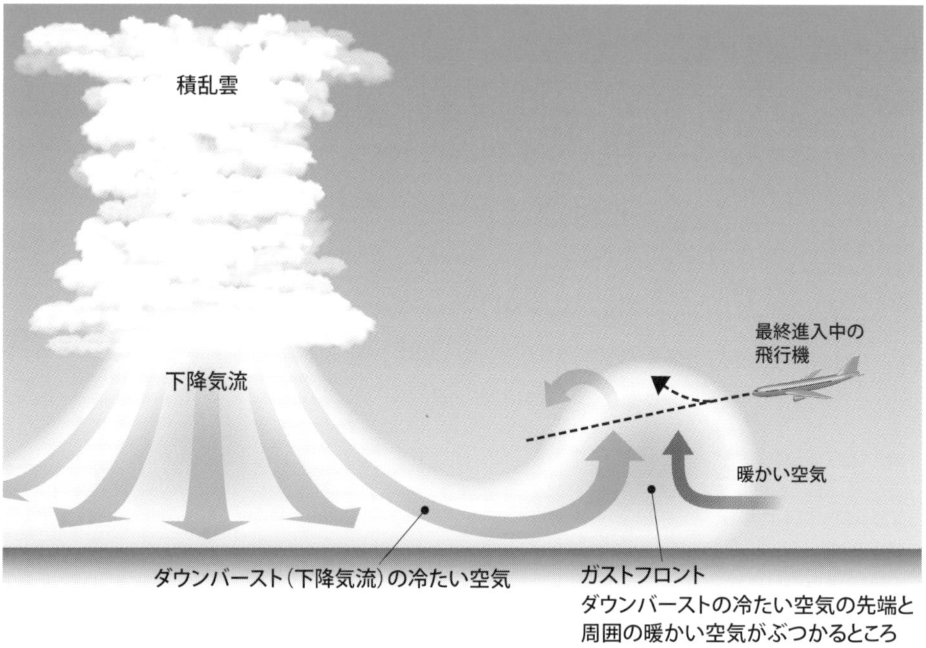

図1-6-17　ガストフロント

1-6-14　低層ウィンドシア

気流の乱れは、風向や風速が変化するところで起こります。鉛直方向あるいは水平方向で風向・風速の差がある状態をウィンドシアといい、低い高度で発生するウィンドシアを低層ウィンドシアといいます。ダウンバーストや低高度での山岳波は、低層ウィンドシアのうちに含まれます。航空機が低層ウィンドシアに遭遇すると、地面がすぐ下にあり、機体の状態を回復するのに必要な高度の余裕が少ないので、非常に危険です。

1-6-15　シアーライン

風向・風速が変化しているところは点ではなく、線状に連なっています。風向・風速が大きく変化しているラインをシアーラインといいます。ガストフロントは、シアーラインのうちの１つです。

1-7　前線

暖かい空気は膨張して体積が大きいため、密度は小さくなります。一方、冷たい空気は体積が小さいため、密度は大きくなります。ここで、空気密度が大きい空気塊と小さい空気塊の２つを比べた場合、両者は性質が異なっていて、それぞれ独立した空気塊と考えることができます。隣接している寒気と暖気を立体的に考えたとき、両者は空気密度が違うので、すぐに混ざりません。隣り合った寒気と暖気の境界を前線面といい、前線面が地上と交わる線を前線といいます。前線面や前線は、ペンで書いたような細い線ではなく幅がありますが、天気図のような大きなスケールでは、面や線とみなすことができます。前線付近は雲が多く、着氷、乱気流、被雷などの可能性があります。

温暖前線

寒気と暖気を比較したとき、暖気の勢力が強い前線です。前線面の傾斜は寒冷前線よりも緩やかです。温暖前線では、暖気が寒気の上を緩やかに上って行きます。これを滑昇といいます。滑昇は上昇気流なので、断熱冷却により雲が発生します。温暖前線が近づくときの雲の発生順序の一つに、最初に巻雲が現れ、引き続いて、巻層雲、巻積雲、高積雲、

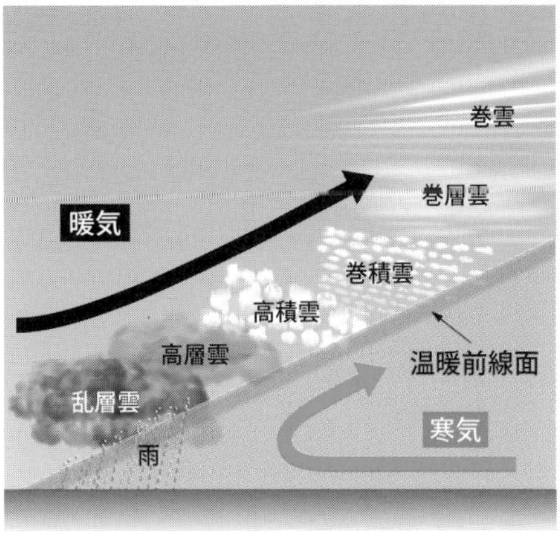

図1-7-1　温暖前線

高層雲、乱層雲というものがあります。暖気が強い場合、積乱雲が発生することもあります。温暖前線が通過すると、通常、南よりの風が吹き、気温は上がります。

寒冷前線

寒気と暖気を比較したとき、寒気の勢力が強い前線です。前線面は、温暖前線よりも傾斜が大きくなっています。寒気が進むことにより、前線面より上の暖気が急速に上昇し、積雲や積乱雲といった対流雲が生じます。通常、寒冷前線が通過すると、北西の風が吹き、気温は下がります。

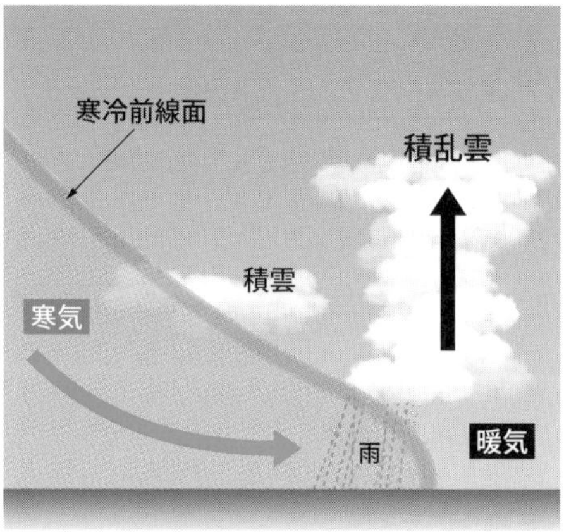

図1-7-2　寒冷前線

閉塞前線

温帯低気圧において、寒冷前線が温暖前線に追いついたときにできる前線です。閉塞前線には、寒冷型と温暖型の2つがあります。1つ目は、寒冷型閉塞前線といい、追いついた寒冷前線の後方にある寒気が、温暖前線の前方にある寒気より温度が低い場合に形成されます。追いついた寒気のほうが追いつかれた寒気よりも優勢になるため、地上では寒冷前線の形状になります。2つ目は、温暖型閉塞前線といい、追いついた寒冷前線の後方にある寒気が、温暖前線の前方にある寒気より温度が高い場合に形成されます。追いつかれた寒気のほうが追いつ

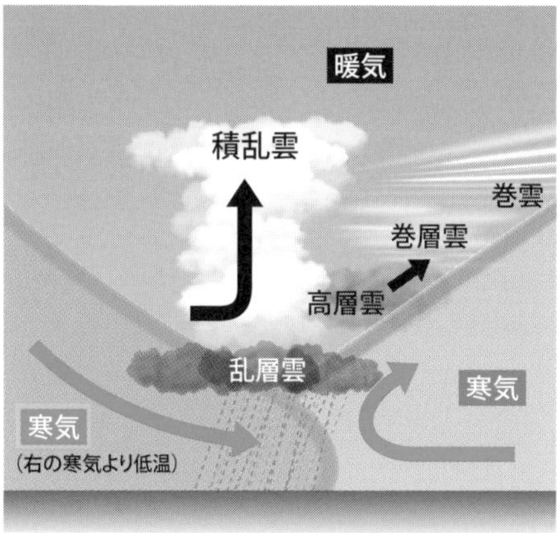

図1-7-3　寒冷型閉塞前線

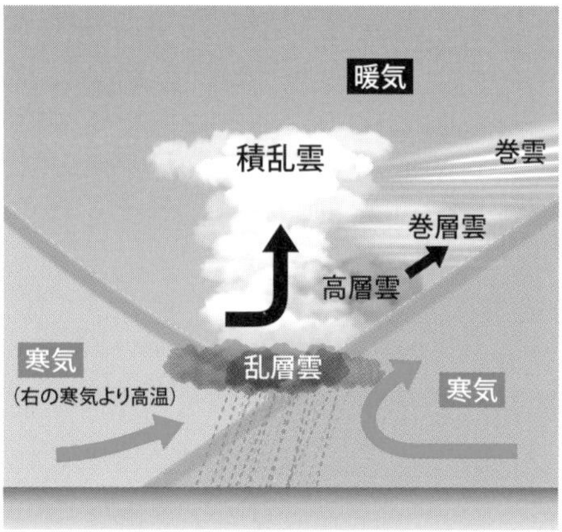

図1-7-4　温暖型閉塞前線

いた寒気よりも優勢になるため、地上では温暖前線の形状になります。日本付近で見られる閉塞前線の多くは寒冷型です。

停滞前線

停滞前線は、寒気と暖気の勢力が同じくらいで、寒気側にも暖気側にも動かずに、ほぼ同じ位置に留まっている前線です。停滞前線上に北側に折れ曲がりが発生することがありますが、その屈曲部をキンクといいます。キンクの部分から低気圧が発生することがあるので、低気圧発生の目安になります。

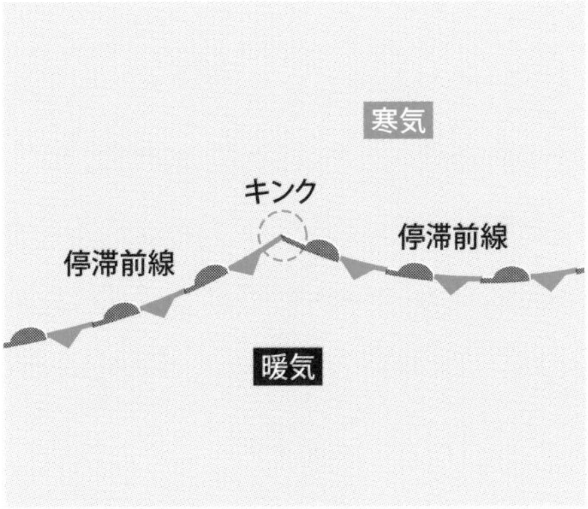

図1-7-5　停滞前線とキンク

1-8　竜巻とじん旋風

竜巻は発達した積乱雲の下で縦長に存在し、上昇気流を伴って高速回転する大気の渦です。細長い空気の渦巻は地面へ伸びていて、中心の気圧は異常に低くなっています。また、積乱雲の下から、ろうと（漏斗）状の雲（ろうと雲）が垂れ下がっています。竜巻が近づくとき、雷鳴や雷光、ひょう、冷たい風、気圧変化による耳の異常といった兆候があります。竜巻による風は、水平方向のスケールが数百メートルほどと小さいため、運動する物体に働く外見上の力であるコリオリの力による影響は無視できます。

次に、じん（塵）旋風はつむじ風とも呼ばれていて、高気圧に覆われた晴れた日に、朝は冷え込みその後気温が上がった午後、田畑や運動場などの開けた場所で発生します。じん旋風は地面が温められたことにより発生し、竜巻のように前兆はありません。また、竜巻で見られるろうと雲はなく、じん旋風の渦に見えているものは、巻き上げられた塵や砂などです。じん旋風には、規模の小さいものから大きいものまであり、規模の大きいものは屋根瓦やテントを吹き飛ばしたりするほどの、エネルギーを持っています。

1-9　台風

熱帯から亜熱帯で発生する低気圧で、中心付近の最大風速が34kt以上のものを台風といいます。34kt未満のものは熱帯低気圧といいます。発生場所によって名称が異なり、カリブ海周辺ではハリケーン、インド洋・南太平洋西部ではサイクロンと呼ばれます。ちなみに、台風には、毎年１月１日からの発生順に１号、２号……という呼び方のほかに、日本、アメリカ、アジアの国々や地域が付けた名前があります。すでに決められた名称が全部で140個あり、一巡すると最初に戻ります。140個のうち日本が付けた名前は、Tembin、Yagi、Usagi、Kajiki、Kammuri、Kujira、Koppu、Kompasu、Tokage、Hatoの10個で、星座の名前から来ています。

台風の構造

台風を上から見ると、台風の目、アイウォール、スパイラルバンドを確認することができます。台風の目とは中心にある雲のない部分ですが、勢力が弱いと目がないこともあります。アイウォールとは台風の目を取り囲む積乱雲のことです。台風の目の周りを壁（ウォール）のように取り囲んでいるので、アイウォールといわれます。スパイラルバンドとは、アイウォール周辺にらせん状にある、帯状の積乱雲のことです。

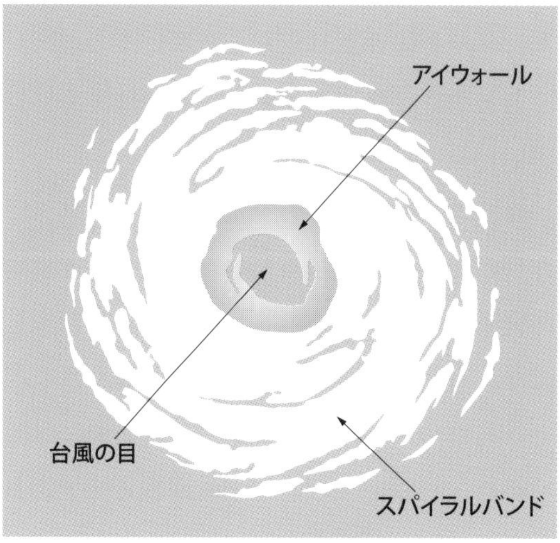

図1-9-1　台風の構造

台風の強さと大きさ

台風は、最大風速と強風域により、強さと大きさが分けられています。強風域とは、風速15m/s以上の場所をいいます。台風が持つエネルギーは非常に大きく、中心から遠く離れた場所でも乱気流が発生することがあります。

台風の強さ

	最大風速
猛烈な	54m/s（105kt）以上
非常に強い	44m/s（85kt）以上 54m/s（105kt）未満
強い	33m/s（64kt）以上 44m/s（85kt）未満

台風の大きさ

	強風域の半径
超大型（非常に大きい）	800km以上
大型（大きい）	500km以上 800km未満

台風の動き

台風の代表的な動きの一つに、当初小笠原高気圧から吹き出す風にのって北上し、偏西風帯で北東に進路を変えるというものがあります。進路が変わるところを転向点といいます。台風の進行方向に影響するスケールの大きな流れを指向流といいます。また、小笠原高気圧の勢力が次第に弱まるにつれて、台風の進路は

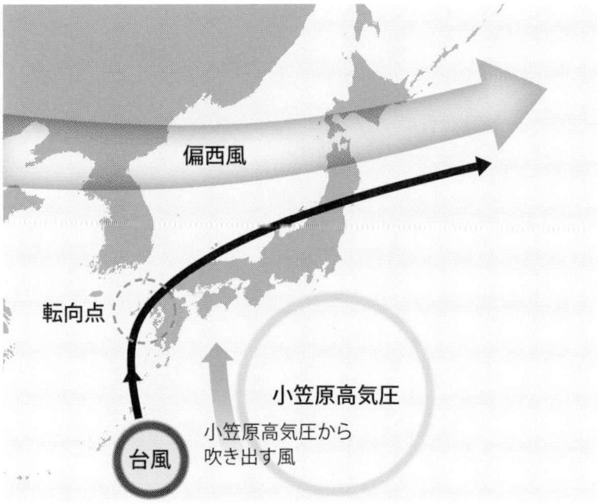

図1-9-2　台風の動き

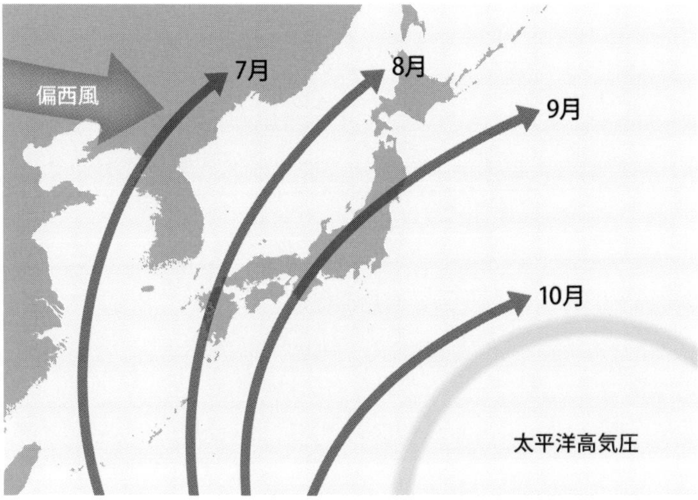

図1-9-3　月別による台風の代表的な進路

変化し、10月になると本州までやってくることは少なくなります。

可航半円と危険半円

台風の進行方向に対して左側を可航半円、右側を危険半円といいます。可航半円は、台風の進行方向と風向が反対なので互いに打ち消しあい、風が比較的弱いとされる部分です。危険半円は、台風の進行方向と風向が同じなので相乗され、風が特に強いとされる部分です。

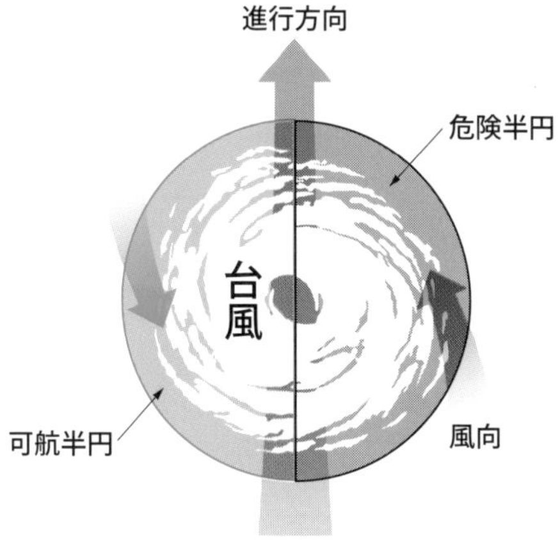

図1-9-4　可航半円と危険半円

練習問題

Q1． 地球上の大気の成分で最も割合の大きいものはどれか。

（1）アルゴン
（2）窒素
（3）酸素
（4）二酸化炭素

Q2． 国際標準大気における対流圏内の気温低減率で正しいものはどれか。

（1）1℃/100m
（2）2℃/100m
（3）1℃/1000ft
（4）2℃/1000ft

Q3． 摂氏と華氏の関係で正しいものはどれか。

（1）°F＝9/5℃＋32
（2）°F＝5/9（℃－32）
（3）°F＝9/5（℃－32）
（4）°F＝5/9℃－32

Q4． 気化熱について正しいものはどれか。

（1）水蒸気が液状の水に変化するときに放出する熱量
（2）液状の水が水蒸気に変化するときに吸収する熱量
（3）氷が水蒸気に変化するときに吸収する熱量
（4）水蒸気が氷に変化するときに放出する熱量

Q5． 海霧が予想される気象条件として誤りはどれか。

（1）接地逆転があること。
（2）低気圧や前線がないこと。
（3）海面温度が20℃より暖かいこと。
（4）T－Tdが0 ～ 2℃であること。

Q6． 日本に影響を及ぼす気団の組み合わせについて正しいものはどれか。

（1）cPk mPk mTw
（2）cPk mPw mTw
（3）mPw mPk mTw
（4）cPw mPw mTk

練習問題

Q7． 寒冷前線通過後の一般的な気象現象で正しいものはどれか。

（1）気圧の降下
（2）雲量の増加
（3）風向の顕著な変化
（4）気温の上昇

Q8． 地表面摩擦の影響を受けない上層風の風向と等高線のなす角度について正しいものはどれか。

（1）直角に吹く。　（2）平行に吹く。
（3）約10度の角度で吹く。　（4）約30度の角度で吹く。

Q9． 温暖型移動性高気圧について誤りはどれか。

（1）一般的に春・秋頃に多く現れる。
（2）すぐ天気が悪くなる。
（3）移動速度が遅い。
（4）背が高い。

Q10． 空気塊の断熱変化について誤りはどれか。

（1）乾燥断熱減率は1℃/100mである。
（2）空気塊の移動に際して、外部との熱の出入りが全くない変化を断熱変化という。
（3）大気が上昇して飽和に達する直前までの気温減率を乾燥断熱減率という。
（4）湿潤断熱減率は乾燥断熱減率に比べて大きい。

Q11． 図のエマグラムにおいて大気状態が細線で示されているとき、ア点にある未飽和の空気塊を断熱的に持ち上げた場合（太線）について述べた次の文章A～Dの正誤について、正しいものはどれか。

A　イ点の高度より下では、雲は発生しない。
B　ウ点の高度を越えると、浮力を得て上昇する。
C　アーイーウで囲まれた領域が大きいほど、対流が発生しやすい。
D　ウーエで囲まれた領域が大きいほど、対流は発達しやすい。

（1）Aのみ誤り　（2）Bのみ誤り
（3）Cのみ誤り　（4）Dのみ誤り
（5）すべて正しい

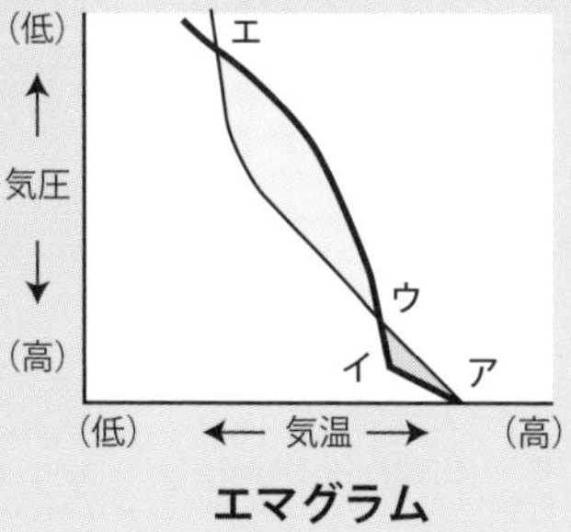

エマグラム

解答

Q1． 地球上の大気の成分で最も割合の大きいものはどれか。

A1.（2）
乾燥空気の容積比は、窒素78％、酸素21％、アルゴン0.93％、二酸化炭素0.03％で場所により変化する。

Q2． 国際標準大気における対流圏内の気温低減率で正しいものはどれか。

A2.（4）
0.65℃ /100mを1000ftごとにすると、2℃ /1000ft

Q3． 摂氏と華氏の関係で正しいものはどれか。

A3.（1）

$$°F = \frac{9}{5}℃ + 32$$

$$℃ = \frac{5}{9}(°F - 32)$$

Q4． 気化熱について正しいものはどれか。

A4.（2）
（1）は凝結熱　（3）は昇華熱　（4）は昇華熱

Q5． 海霧が予想される気象条件として誤りはどれか。

A5.（3）
海面温度は、20℃未満であること。

Q6． 日本に影響を及ぼす気団の組み合わせについて正しいものはどれか。

A6.（1）
cPk：シベリア気団　mPk：オホーツク海気団　mTw：小笠原気団

解答

Q7. 寒冷前線通過後の一般的な気象現象で正しいものはどれか。

A7.（3）
寒冷前線の通過後、気圧は上昇し、風向は北~北西に変わり、気温・露点温度は下がる。

Q8. 地表面摩擦の影響を受けない上層風の風向と等高線のなす角度について正しいものはどれか。

A8.（2）
気圧傾度力にコリオリの力を考慮した地衡風は、等圧線及び等高線と平行に吹く。

Q9. 温暖型移動性高気圧について誤りはどれか。

A9.（2）
移動速度が遅いので、天気はすぐに崩れない。

Q10. 空気塊の断熱変化について誤りはどれか。

A10.（4）
湿潤断熱減率は、乾燥断熱減率に比べて小さい。

Q11. 図のエマグラムにおいて大気状態が細線で示されているとき、ア点にある未飽和の空気塊を断熱的に持ち上げた場合（太線）について述べた次の文章A~Dの正誤について、正しいものはどれか。

A　イ点の高度より下では、雲は発生しない。
B　ウ点の高度を越えると、浮力を得て上昇する。
C　アーイーウで囲まれた領域が大きいほど、対流が発生しやすい。
D　ウーエで囲まれた領域が大きいほど、対流は発達しやすい。

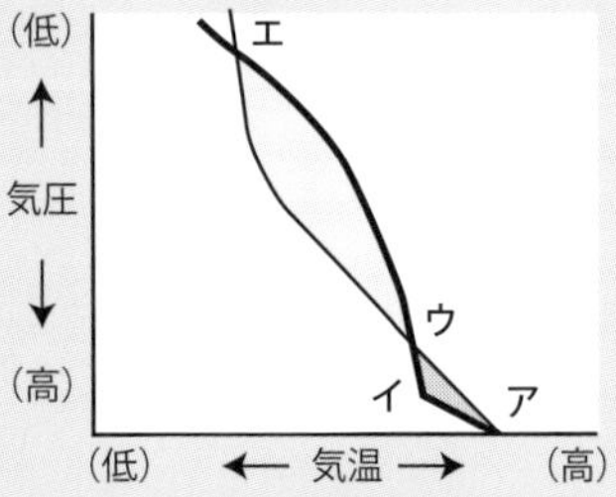

エマグラム

A11.（3）
アーイーウ領域が大きいほど、対流は発生しにくい。

練習問題

Q12．標準大気における6,000ftの気温で正しいものはどれか。

（1）3℃
（2）6℃
（3）－3℃
（4）－6℃

Q13．20ktの風速は、毎秒何メートルか。

（1）約5 m/sec
（2）約10m/sec
（3）約15m/sec
（4）約20m/sec

Q14．山岳波において乱気流が最も激しいところはどこか。

（1）山頂の風上側12km付近
（2）山頂よりも6,000ft以上高いところ
（3）山頂付近
（4）山頂高度の風下側のロール雲周辺

Q15．ある乾燥した気塊を機械的に上昇させたとき、周囲の空気より温度が低くなった。この大気の安定・不安定について正しいものはどれか。

（1）この大気は条件付き不安定といえる。
（2）この大気は安定といえる。
（3）この大気は不安定といえる。
（4）これだけでは判断できない。

Q16．潜熱に関する記述で誤りはどれか。

（1）夏場に打ち水をすると少し涼しくなったように感じるが、これは水が蒸発する際に熱を吸収する現象を利用したものである。
（2）水蒸気や水から放出された熱エネルギーは、低気圧や積乱雲を発達させることもある。
（3）潜熱とは、固体、液体、気体間の相が変化する際、吸収または放出される熱量をいう。
（4）固体から液体、液体から気体へ変化するときは熱を吸収するが、固体から気体へ変化するときは熱を放出している。

練習問題

Q17．フェーン風について正しいものはどれか。

（1）山を吹き上げていく温暖で乾燥した風
（2）山を吹き上げていく寒冷で乾燥した風
（3）山から吹き下ろしてくる温暖で乾燥した風
（4）山から吹き下ろしてくる寒冷で湿潤な風

Q18．温暖前線の特徴として誤りはどれか。

（1）広い範囲に渡って悪い天気となる。
（2）一般に層状の雲が広がり、前線の接近とともに雲底は低くなる。
（3）前線の進行方向では、低シーリングや悪視程をもたらすことがある。
（4）温暖前線は寒冷前線に比べるとその移動速度は速い。

Q19．台風を移動させる場の風を指向風というが、台風の転向後、偏西風領域における一般的な指向風として正しいものはどれか。

（1）300hPaの風
（2）500hPaの風
（3）700hPaの風
（4）850hPaの風

Q20．日本列島に影響する二つ玉低気圧の特徴で誤りはどれか。

（1）日本海低気圧の特徴も併せ持つ。
（2）冬季には太平洋側にも降雪をもたらす。
（3）急激に発達することはない。
（4）雲と降水の範囲が広い。

Q21．降水過程に関する次の（1）～（5）の記述のうち、誤りはどれか。

（1）湿った空気が上昇して冷え、相対湿度が100%を超えると水蒸気の凝結が起こり雲粒が発生する。
（2）海洋上の積雲のなかでは大陸上の積雲に比べて、単位体積当たりの雲粒の数が少ない。
（3）暖かい雲の中で併合過程により雨粒が成長するためには、大きさのそろった雲粒が多数あることが重要である。
（4）落下中の大きな雨粒は、扁平な形をしている。これは、半径が大きくなると表面張力の影響が相対的に小さくなるためである。
（5）あられは、氷粒子に過冷却雲粒が衝突して凍り付く過程を繰り返して作られる。

解答

Q12. 標準大気における6,000ftの気温で正しいものはどれか。

A12.（1）

気温減率は1,000ftにつき2℃なので、地上から6,000ftまでに下がる気温は、

2(℃)×6,000(ft)/1,000(ft)＝2×6＝12(℃)

標準大気は地上で15℃であり、6,000ftではそれより12℃低いので、

15－12＝3（℃）

Q13. 20ktの風速は、毎秒何メートルか。

A13.（2）

kt（ノット）を2で割ると、概略のmeter/secondを算出できる。

20（kt）÷2より約10m/secとなる。

Q14. 山岳波において乱気流が最も激しいところはどこか。

A14.（4）

山の風下側は乱気流が存在し、特に山頂高度付近のロール雲周辺は乱気流が激しい。

Q15. ある乾燥した気塊を機械的に上昇させたとき、周囲の空気より温度が低くなった。この大気の安定・不安定について正しいものはどれか。

A15.（2）

上昇した気塊が周囲の空気より温度が低くなると、降下して元の位置に戻ろうとするので、安定といえる。

Q16. 潜熱に関する記述で誤りはどれか。

A16.（4）

固体から気体へ変化するときも、熱を吸収している。

解答

Q17．フェーン風について正しいものはどれか。

A17．（3）
フェーン現象とは、ある温度の空気塊が山の麓から斜面に沿って上昇し、山頂を越えて斜面に沿って反対側の麓に到達したとき、元の温度より上昇している現象である。山から吹き下ろしてくるフェーン風は、温暖で乾燥している。

Q18．温暖前線の特徴として誤りはどれか。

A18．（4）
温暖前線は寒冷前線に比べるとその移動速度は遅い。

Q19．台風を移動させる場の風を指向風というが、台風の転向後、偏西風領域における一般的な指向風として正しいものはどれか。

A19．（2）
台風の転向後、偏西風領域での一般的な指向風は、500hPaの風であり、500hPa面は約18,000ftに相当する。

Q20．日本列島に影響する二つ玉低気圧の特徴で誤りはどれか。

A20．（3）
二つ玉低気圧は、急激に発達することがある。

Q21．降水過程に関する次の（1）～（5）の記述のうち、誤りはどれか。

A21．（3）
暖かい雨は、ある程度の大きさを持った不ぞろいの雲粒が、塩の粒を核にしてでき、強い上昇気流によって衝突・併合を繰り返すことで大きくなり雨粒となる。

第2章

天気図

地上天気図には過去の状況を表したものと、未来の状況を予想したものがあります。また、天気図には地上の状況だけでなく、上空の様子を表したものもあります。様々な天気図を使用することで、フライトに関係する空港や飛行経路上で、「どうしてこういう風が吹くのか」、「なぜ雨が降っているのか」といった疑問に対する答えを推測することもできます。天気図には多くの種類がありますが、ここではよく用いられるものを抽出して見ていきます。

2-1　実況図

2-1-1　ASAS（アジア地上解析図）

ASAS（アジア地上解析図）は、アジア太平洋地域の代表的な観測結果と解析結果が記された天気図です。ASASという略号は、AS（Asia　アジア）、A（Analysis　解析）、S（Surface　地上）を組み合わせてできています。ASAS（アジア地上解析図）を使用して、次のような事項を確認します。

（1）　全般的な気圧配置、高気圧と低気圧の位置、等圧線の混み具合

（2）　寒冷前線、温暖前線、閉塞前線、停滞前線の位置

（3）　晴、曇、雨などの天気分布や風の状況など

UTC（Universal Time Coordinated）

天気図に120000UTCといった数字が書かれていますが、最初の12は日付で12日を表し、後ろの0000は時刻を表しています。天気図上で時間を表すときは24時間表記を用い、4桁の数字で表します。午後3時は1500と表します。そして、UTCとは協定世界時のことをいい、国際協定により人工的に維持されている時刻であり、地球上で共通の時刻です。世界各国にはそれぞれの国の時間があるため時差が存在しますが、UTCはどの国でも同じです。日本時間はUTC＋9時間です。よって、0000UTCは日本時間で0900になります。

ASAS（アジア地上解析図）は、0000、0600、1200、1800UTCの観測デー

タを元に予報官が解析した天気図です。0000、0600、1200、1800UTCを日本時間にすると0900、1500、2100、0300になります。観測時刻の約２時間30分後に、ASAS（アジア地上解析図）は発表されます。つまり、１日に４回発行されることになります。

SPAS（速報天気図）

SPAS（速報天気図）は、ASAS（アジア地上解析図）と同じく地上天気図ですが、１日７回発行されます。日本時間で0300、0600、0900、1200、1500、1800、2100のデータを元に解析され、観測時刻の約２時間10分後に発表されます。解析内容は、ASAS（アジア地上解析図）よりも簡略化されていて、高気圧、低気圧、台風、前線などの情報が記載されています。

ASAS（アジア地上解析図）には、次のような項目が描かれています。

等圧線

気圧の等しい点を結んだ線が等圧線です。1,000hPaを基準に等圧線が描かれています。太い実線は20hPaごとで、実線は４hPaごとです。等圧線の間隔が広い場合は、必要に応じて２hPaの破線が描かれます。

高気圧・低気圧

高気圧と低気圧の中心には、×印が描かれます。

高気圧は青色でH、低気圧は赤色でL、中心気圧（hPa）を表す数字、進行方向を表す矢印と進行速度（kt）（ノット）が記されています。

ktは省略しないで書くとknotとなります。１knotは、１時間（1 Hour）に１海里（Nautical Mile）進む速さです。これを省略して、１NM/Hと書きます。１NMをkmに直すと約1.852kmになります。つまり、１ktは、時速約1.852kmになります。

また、高気圧と低気圧の動きについての情報が、次のように記されます。

SLW：進行速度が５kt以下で、方向が定まったとき

STNR（stationary）：方向が決まらずに停滞しているとき

ALMOST STNR：方向が決まらずにほとんど停滞しているとき

熱帯低気圧、台風

熱帯低気圧はTD、台風はTS、STS、Tという略号で記されます。TD、TS、

STS、Tの最大風速の基準は、次の表のとおりです。

天気図上に表示される熱帯低気圧、台風

TD	Tropical Depression	熱帯低気圧	最大風速34kt未満
TS	Tropical Strom	台風	最大風速34kt以上48kt未満
STS	Severe Tropical Storm	台風	最大風速48kt以上64kt未満
T	Typhoon	台風	最大風速64kt以上

温暖前線、寒冷前線、閉塞前線、停滞前線

温暖前線、寒冷前線、閉塞前線、停滞前線の状態が、次の図のように描かれます。

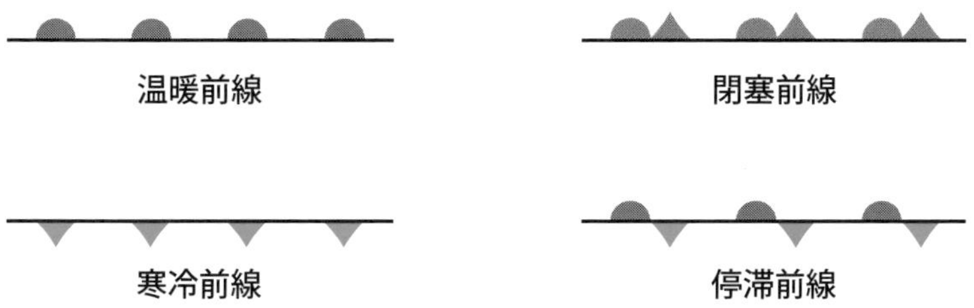

図2-1-1　前線

全般海上警報

海上にある船舶を対象に気象庁から全般海上警報が発表され、FOG［W］、［W］、［GW］、［SW］、［TW］という略号で表示されます。それぞれの発表基準は次の表のとおりです。

全般海上警報

記号	英文	和文	発表基準
FOG［W］	FOG WARNING	海上濃霧警報	視程0.3NM（約500m）以下
［W］	WARNING	海上風警報	最大風速28kt以上34kt未満
［GW］	GALE WARNING	海上強風警報	最大風速34kt以上48kt未満
［SW］	STORM WARNING	海上暴風警報	最大風速48kt以上
［TW］	TYPHOON WARNING	海上台風警報	台風による風が最大64kt以上

代表地点の天気

陸上と海上の代表地点の天気は次のように示されています。

この記号を構成している一つひとつに意味があり、雲量、雲形、現在天気、風向風速、気圧変化傾向を示しています。

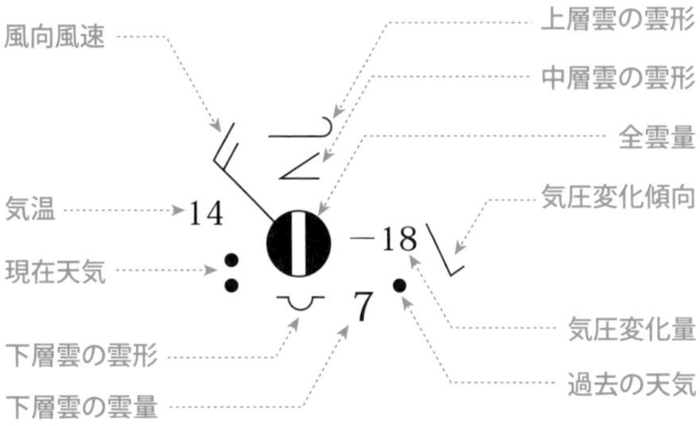

図2-1-2　国際式天気図

雲量

雲量0は、雲がまったくない状態です。雲量10隙間なしは、完全に雲に覆われていることを表します。

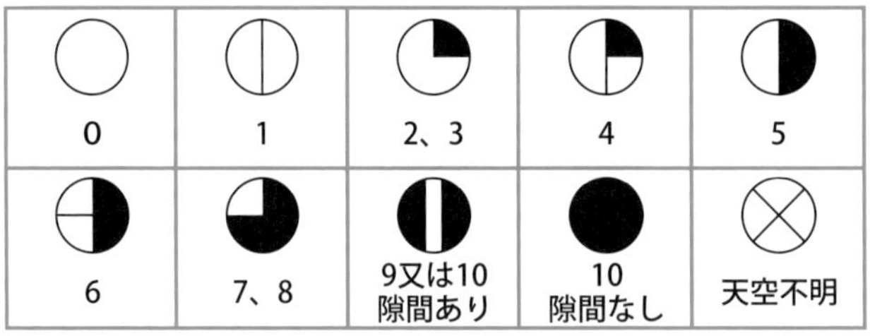

図2-1-3　雲量

雲形

下層雲から上層雲まで、次のような記号で表されます。

図2-1-4　主な雲形

現在天気

主な現在天気には次のようなものがあります。雨は「・」ですが、雨の強度によって「‥」「：」「∴」「⁝」「⁘」と「・」の数が4つまで増えます。

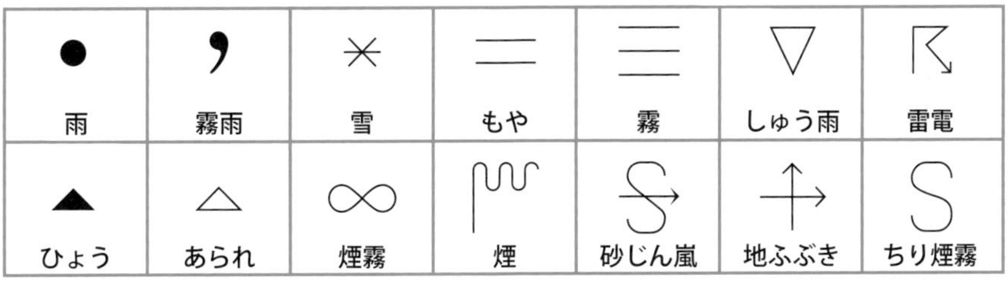

図2-1-5　主な現在天気

風向・風速

風向は10°ごとに36方位で示されます。

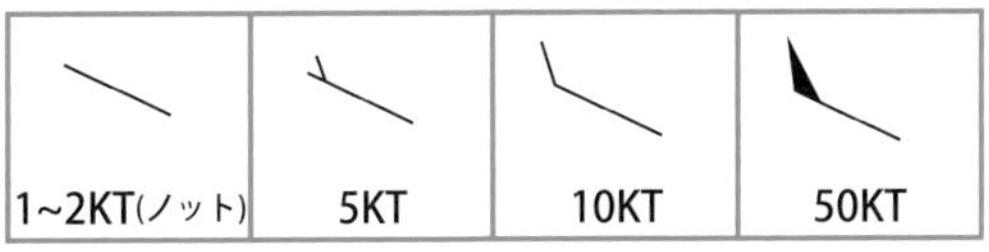

図2-1-6　風速

気圧変化傾向

線の傾き具合や長さで気圧変化傾向を表しています。

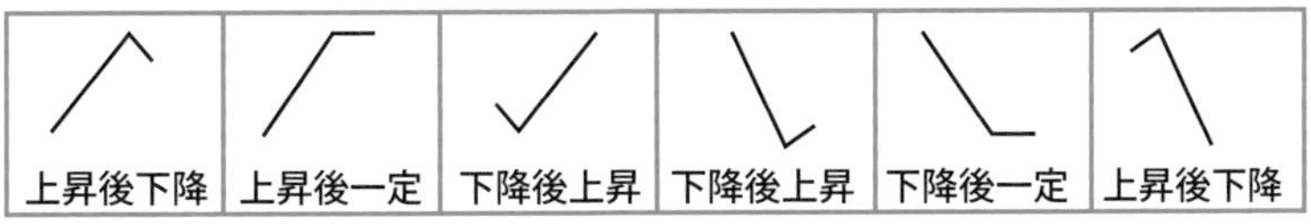

図2-1-7　気圧変化傾向の概要

発達した低気圧や台風の情報

発達した勢力の強い低気圧や台風には、中心気圧、中心位置、進行方向、 進行速度、強風域及び暴風域、予報円などの情報が記されます。

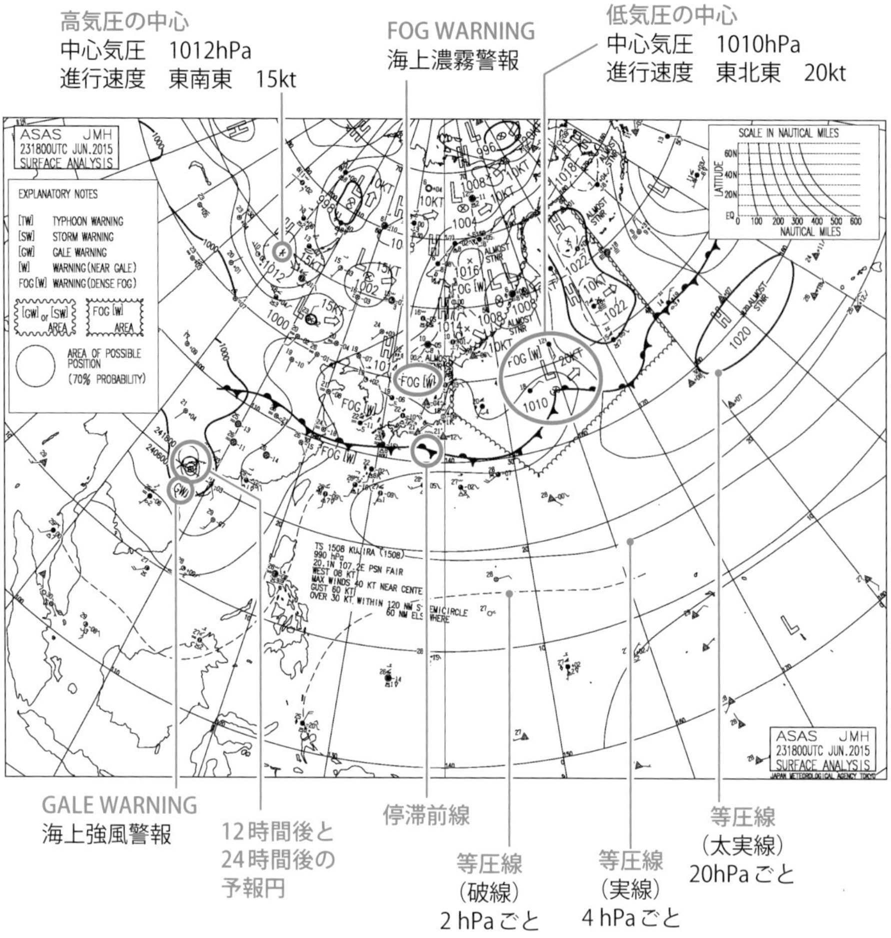

図2-1-8　ASAS（アジア地上解析図）

2-1-2　日本で見られる気圧配置

西高東低型

日本の西側に高気圧、東側に低気圧がある気圧配置で、冬型ともいいます。

西高東低型のときは、強い北西の季節風が吹きます。また、日本海沿岸では雪、太平洋側は乾燥した晴天になります。

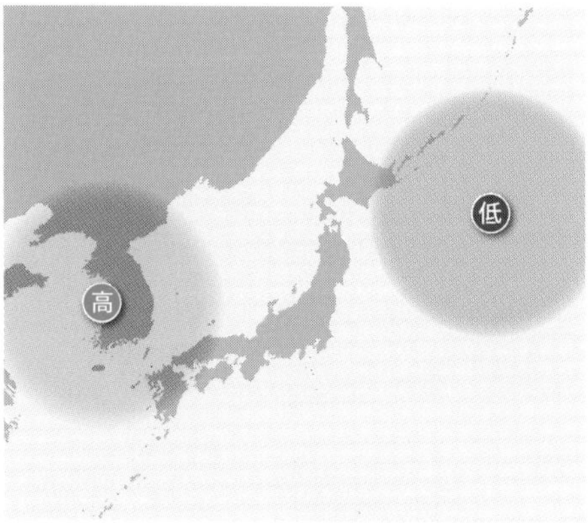

図2-1-9　西高東低型

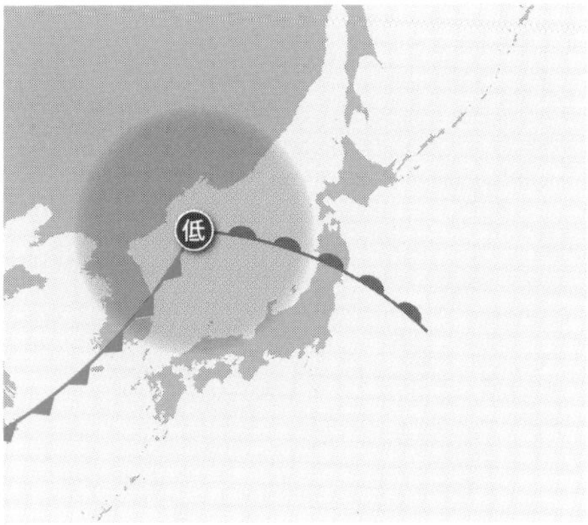

図2-1-10　日本海低気圧型

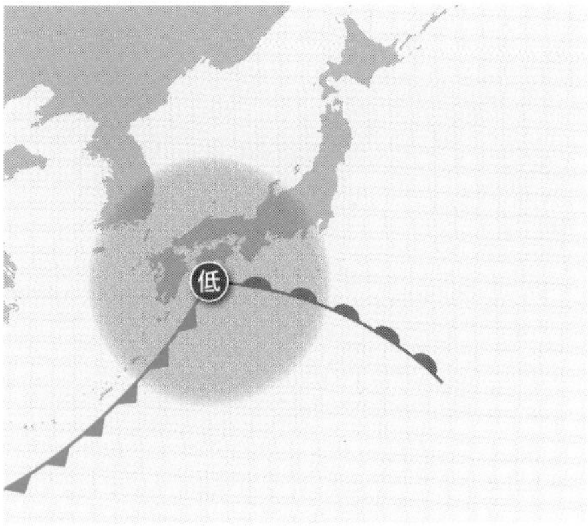

図2-1-11　南岸低気圧型

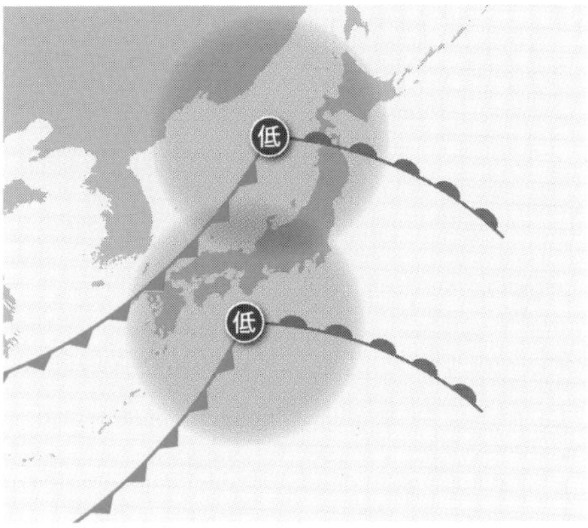

図2-1-12　二つ玉低気圧型

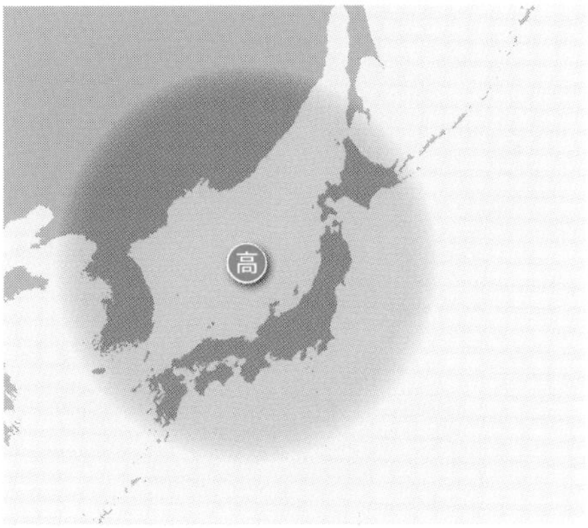

図2-1-13　移動性高気圧型

日本海低気圧型

日本海にある低気圧が発達しながら東〜北東方面に進んでいく気圧配置で、年間を通して見られます。日本海低気圧型のときは、南西風が強くなり、気温が上昇します。春一番とは、立春後初めて吹く強い南西風のことをいい、日本海低気圧型の気圧配置のときに発生します。また、寒冷前線通過時、突風やしゅう雨が見られます。このほか、「春先に出現する日本海低気圧は著しく発達する場合が多い」、「低気圧の中心が通過する北日本では暴風雪になることが多い」といった特徴があります。

南岸低気圧型

日本の南西海上で発生した低気圧が発達しながら日本の南岸を北東に進む気圧配置で、年間を通して見られます。南岸低気圧型のとき、低気圧が発達すると、

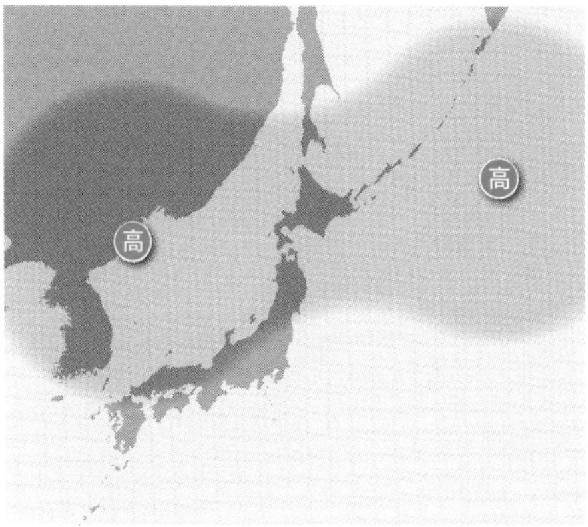

図2-1-14　帯状高気圧型

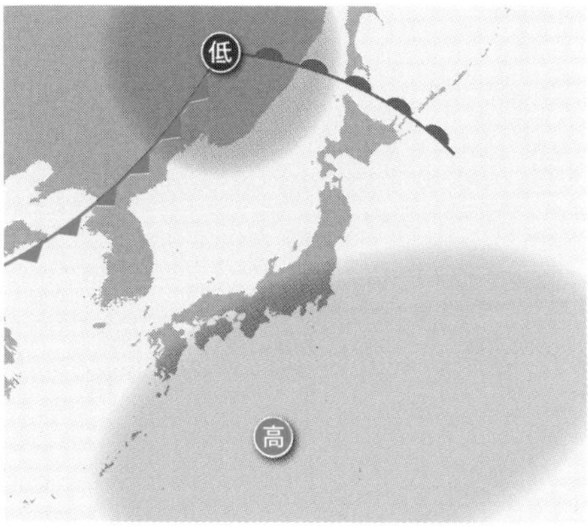

図2-1-15　南高北低型

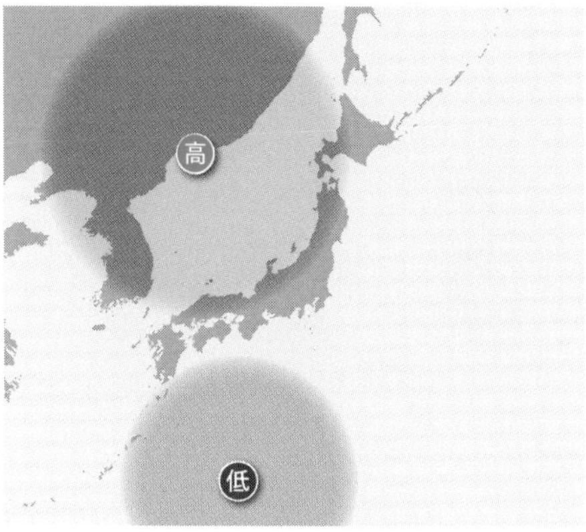

図2-1-16　北高型

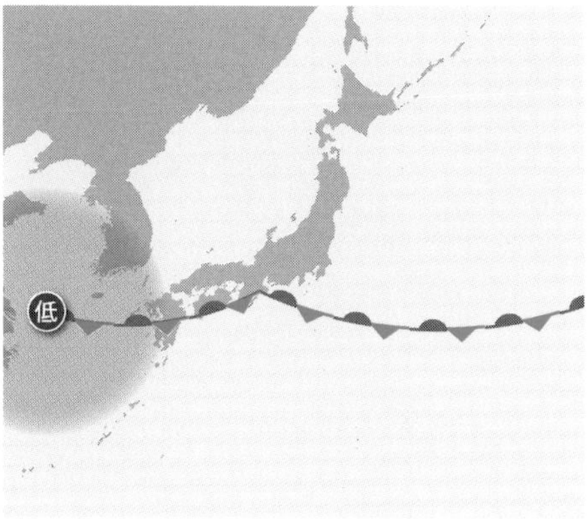

図2-1-17　梅雨型

日本の南岸から北日本まで暴風、大雨、大雪があります。

二つ玉低気圧型

日本海低気圧と南岸低気圧が同時に現れる気圧配置で、冬によく見られます。二つ玉低気圧型のときは、全国的に悪天になります。

移動性高気圧型

春と秋に多く現れる高気圧で、温帯低気圧と交互に並んで東へ移動します。移動性高気圧型のとき、高気圧の東側は北よりの冷たく乾燥した空気が流入し、風が弱く天気がよくなります。高気圧の西側は南よりの暖かい風が吹き、薄い雲が広がりやすくなります。

帯状高気圧型

移動性高気圧が帯状に並んだ気圧配置で、春と秋によく現れます。帯状高気圧型のとき、高気圧の移動速度は遅く、高気圧圏内では晴天が長く続きます。

南高北低型

太平洋高気圧が西に張り出して日本を覆い、その北には低気圧がある気圧配置で、夏型ともいいます。南高北低型のときは、高温、晴天が続きます。

北高型

北に高気圧、南に低気圧や前線がある気圧配置をいいます。北高型のときは、冷たく湿った北東風の影響で曇り、気温が低くなります。

梅雨型

オホーツク海方面にオホーツク海高気圧、日本の南に太平洋高気圧があり日本付近に前線が停滞する気圧配置をいいます。梅雨型のとき、梅雨前線の影響によりぐずついた天気が続きます。また、梅雨前線の北側は北東風の影響で梅雨寒になり、南側は積乱雲が発生しやすくなります。さらに、前線上に低気圧があると、前線の活動は活発になります。このほか、南方から大量の暖湿流があると豪雨になるといった特徴があります。

2-1-3　AUPQ78（アジア700hPa、850hPa解析図）

AUPQ78（アジア700hPa、850hPa解析図）は、アジア700hPa解析図とアジア850hPa解析図の２つから構成されています。AUPQという略号は、A（Analysis　解析）、U（Upper　上層）、PQ（western north Pacific　北西太平洋）、7（700hPa）、8（850hPa）を組み合わせてできています。

700hPaは地上から約10,000ft（約3,000m）に、850hPaは地上から約5,000ft（約1,500m）に相当し、２つの解析図はそれぞれの等圧面の状況を表したものです。

AUPQ78は１日に２回発行され、観測時刻は0000、1200UTCです。

●アジア850hPa解析図

アジア850hPa解析図の主な用途として前線解析があります。850hPaは地上から約5,000ft（約1,500m）に相当し、地表の摩擦や熱の影響がない高度です。等高度線と等温線の混み具合、風の収束模様から、前線の種類や活動状況などを判断します。

アジア850hPa解析図には、次のような項目が描かれています。

等高度線

特定の気圧の値が等しい点をつなげてできる面を等圧面といいます。アジア850hPa解析図は、気圧が850hPaの等圧面です。等圧面において、高度の等しい点を結んだ線が等高度線です。等高度線の数値が大きいところは気圧が高く、数値が小さいところは気圧が低くなります。アジア850hPa解析図では、1,500mの等高度線が基準となって、2種類の等高度線が描かれています。

太い実線は、300mごと、実線は60mごとです。高度の値は、120mごとに記されています。

等温線

破線で3℃ごとに等温線が描かれています。寒候期（12月～3月）は6℃ごとに描かれます。また、気温の値が6℃ごとに記されています。

高気圧・高圧部

高気圧と高圧部に記号「H」が描かれています。

低気圧・低圧部

低気圧と低圧部に記号「L」が描かれています。

寒気の中心

寒気の中心に記号「C」が描かれています。

暖気の中心

暖気の中心に記号「W」が描かれています。

湿域

湿域とは、（気温－露点温度）＜3℃となる区域のことをいいます。

湿域には、黒点域が描かれています。

代表地点の高層観測値

はじめに湿数について説明します。湿数とは、気温と露点温度の差をいいます。式で表すと

湿数＝T（気温）－Td（露点温度）

となります。

アジア850hPa天気図では、陸上と海上の代表地点の風向・風速、気温、湿数（気温と露点温度の差）が次のように示されています。

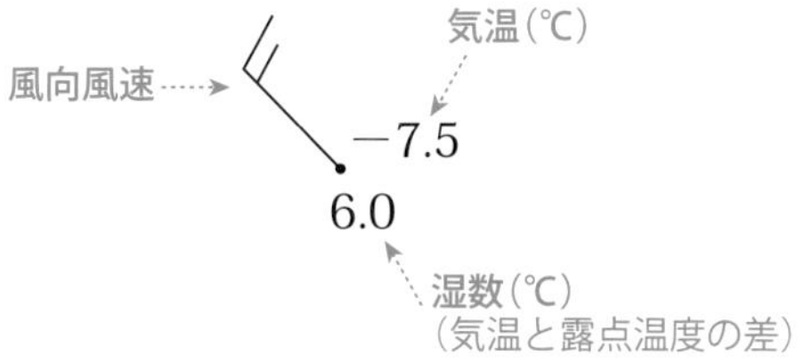

図2-1-18　高層観測値

高標高領域

高標高領域とは、チベット高原やその周辺の標高の高い地域のことを指しています。チベット高原の標高は平均4,500m以上もあり、チベット高原の周辺には、標高1,500m以上のところが多く存在しています。高層天気図に描かれている等高度線は、代表地点の高層観測値を曲線でつないだものですが、例えば、アジア850hPa解析図の等高度線の基準値は1,500mです。つまり、天気図の等高度線よりも高いところに地形が張り出していることになります。したがって、高標高領域と重なる情報は参考値として利用します。天気図中にある縦の破線と縦横の破線は、高標高領域を表しています。縦の破線は標高1,500m以上の領域で、縦横の破線は標高3,000m以上の領域です。

●アジア700hPa解析図

700hPaは地上から約10,000ft（約3,000m）に相当します。湿域の広がりは中・下層雲の広がりと概ね一致するので、700hPa面での湿域の広がりを見ることで、中・下層雲の広がりや降水域などを把握することができます。

アジア700hPa解析図には、次のような項目が描かれています。

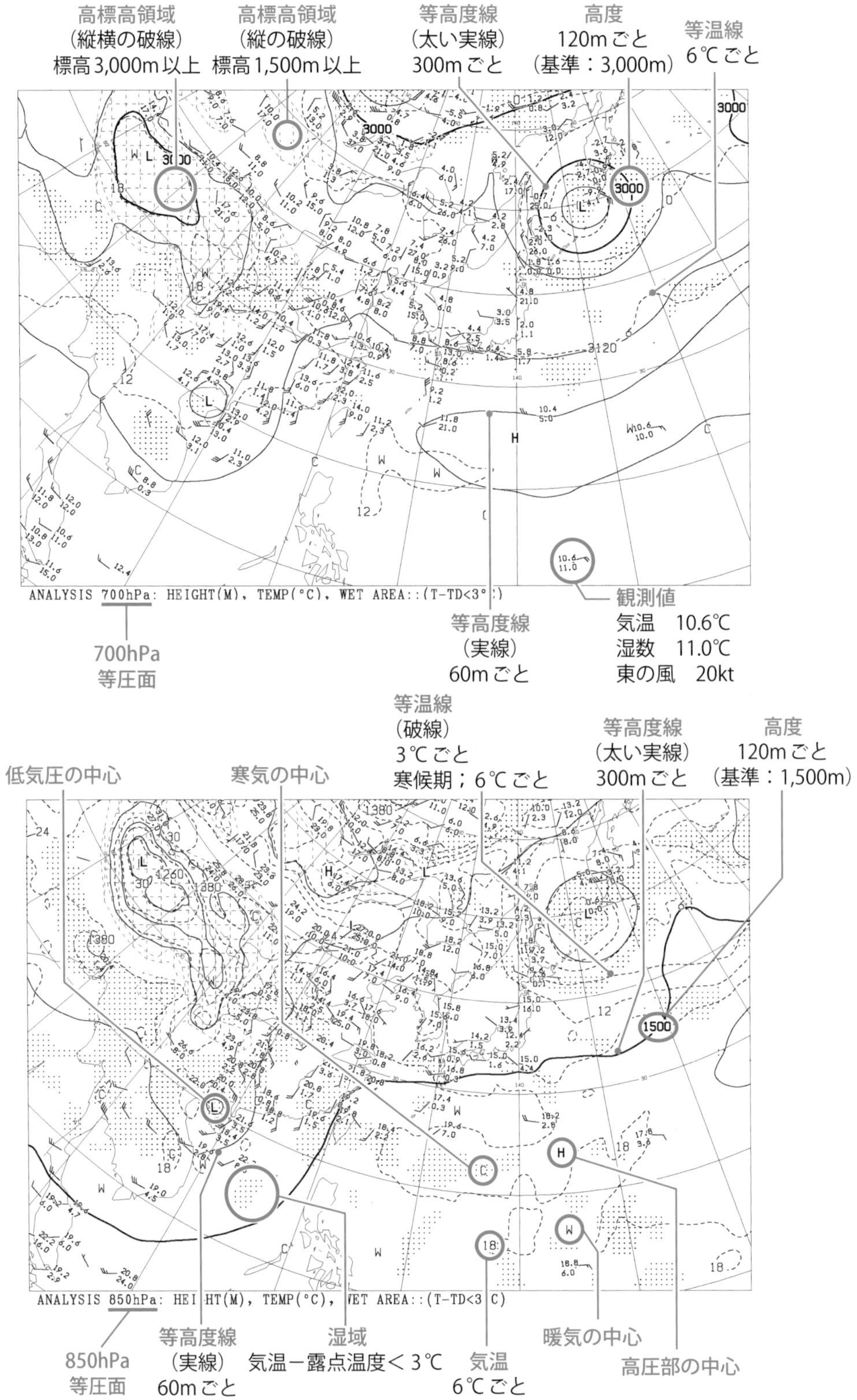

図2-1-19　AUPQ78（アジア700hPa、850hPa解析図）

等高度線

太い実線が300mごと、実線が60mごと、高度の値が120mごとに描かれているのはアジア850hPa解析図と同じですが、基準値が3,000mとなっています。

等温線

年間を通して６℃ごとの等温線が破線で示されています。

その他の項目は、アジア850hPa解析図で描かれている項目と同じです。

2-1-4　AUPQ35（アジア300hPa、500hPa解析図）

AUPQ35（アジア300hPa、500hPa解析図）は、アジア300hPa解析図とアジア500hPa解析図の２つから構成されています。AUPQ78（アジア700hPa、850hPa解析図）よりも高い場所を解析しています。AUPQ35という略号は、A（Analysis　解析）、U（Upper　上層）、PQ（western north Pacific　北西太平洋）、３（300hPa）、５（500hPa）を組み合わせてできています。

300hPaは地上から約30,000ft（約9,000m）、500hPaは地上から約18,000ft（約5,400m）に相当し、２つの解析図はそれぞれの等圧面の状況を表したものです。

AUPQ35は１日に２回発行され、観測時刻は0000と1200UTCです。

●アジア500hPa解析図

アジア500hPa解析図は地上から約18,000ft（約5,400m）に相当します。この解析図を使って、トラフ、リッジ、等温線の位置を確認し、大気中層の状態を把握します。

アジア500hPa解析図には、次のような項目が描かれています。

等高度線

5,700mを基準とした等高度線が描かれています。太い実線は300mごと、実線は60mごとに描かれ、高度の値は120mごとに記されています。

等温線

等温線を表す破線が３℃ごとに描かれています。12月～３月の寒候期には

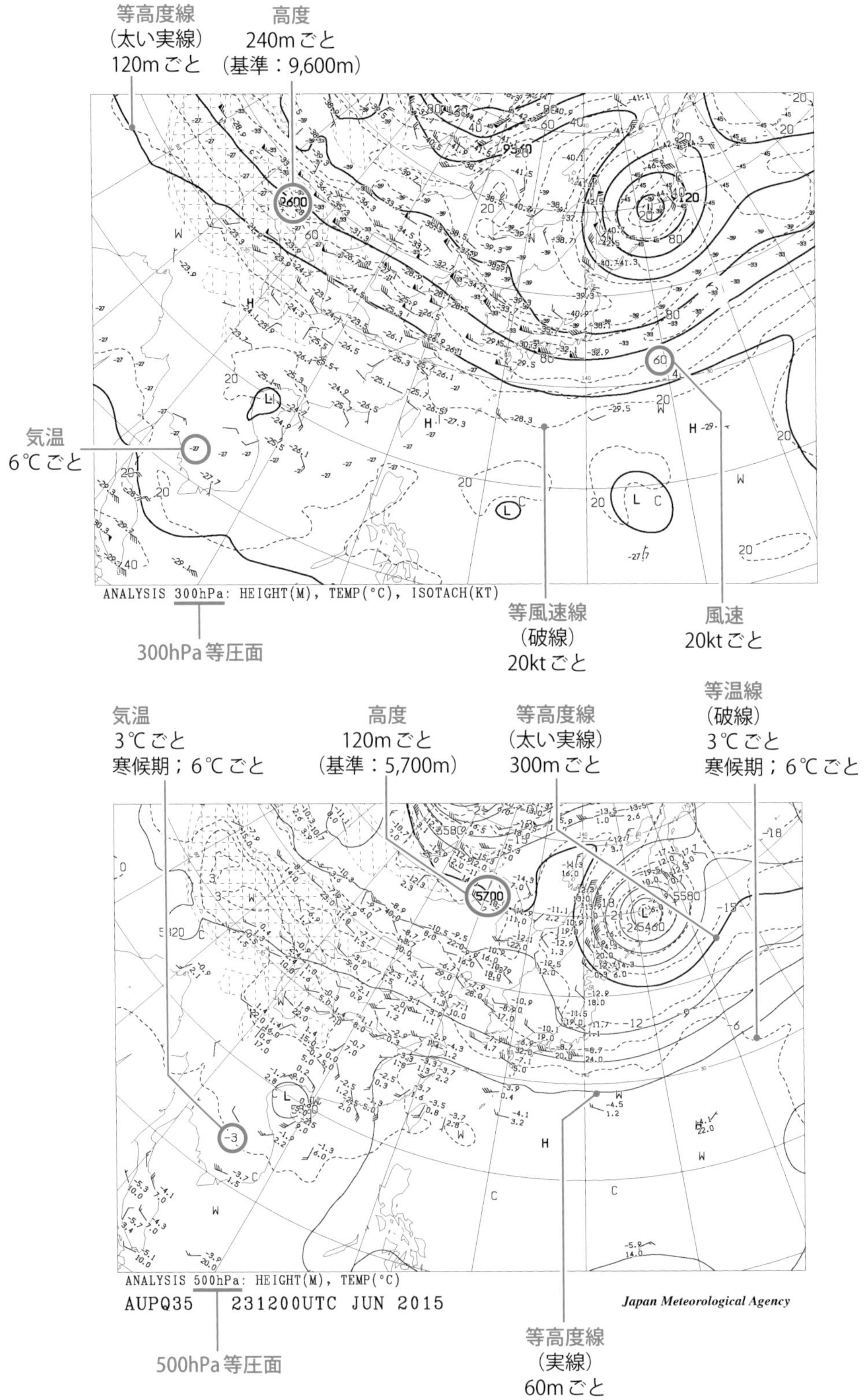

図2-1-20　AUPQ35（アジア300 hPa、500hPa解析図）

６℃ごとに描かれます。また、気温の値が６℃ごとに記されています。

寒気の中心

寒気の中心が「Ｃ」で表されています。

暖気の中心

暖気の中心が「Ｗ」で表されています。

代表地点の高層観測値

陸上と海上の代表地点の風向・風速、気温、湿数（気温と露点温度の差）が示されています。

高標高領域

縦の破線は標高1,500m以上の領域を表し、縦横の破線は標高3,000m以上の領域を表しています。

●アジア300hPa解析図

300hPaは地上から約30,000ft（約9,000m）に相当します。この解析図からジェット気流の位置を把握し、その結果から、低気圧の移動方向の推定、低気圧の発達・衰弱の推定、晴天乱気流位置の推定を行います。また、寒気の有無を見ることで、大気の状態を確認します。

アジア300hPa解析図には、次のような項目が描かれています。

等高度線

9,600mを基準とした等高度線が、太い実線で120mごとに描かれています。高度の値は240mごとに記されています。

気温の値

気温の値が６℃ごとに記されています。

等風速線

20ktごとの等風速線が破線で描かれています。20ktごとの風速の値が、破線上に記されています。

高圧部の中心

高圧部の中心が「H」で表されています。

低圧部の中心

低圧部の中心が「L」で表されています。

その他、寒気「C」、暖気「W」、代表地点の高層観測値、高標高領域は、アジア500hPa解析図と同様に描かれています。

2-1-5　レーダーエコー合成図

レーダーエコー合成図は、日本に20ヵ所存在する気象レーダーで観測されたエコーを一つに合成したもので、雨や雪の位置や強さといった5分ごとの降水強度分布が表示されます。具体的には、エコー強度とエコー頂高度を観測・解析しています。エコーとは電波の反射のことです。また、降水ナウキャストという5分ごとの60分先までの降水強度分布予測が発表されています。気象レーダーの原理ですが、アンテナを回転させつつ電波が発射され、雨や雪に反射して戻ってくるまでの時間から距離が測定され、戻ってくる電波の強さから雨や雪の強度が観測されます。日本は山岳地が多いため、1つのレーダーでは山の裏側が映らなくなるので、他のレーダーで映らない部分を補完しています。通常、弱いエコーは水色で表され、エコーが強くなるにしたがって、青色、緑色、黄色、赤色と表示されます。

フライトにおいて、レーダーエコー合成図を活用するとき、○時□分の一つの情報だけで判断してはいけません。時間経過に従って、エコーの動きを連続的に把握することが大切です。具体的には、エコーの位置と移動方向を確認して、飛行エリアにエコーがかかるかどうか予測します。また、エコーの拡大・縮小状況を確認して、飛行経路を決定するための判断材料にします。

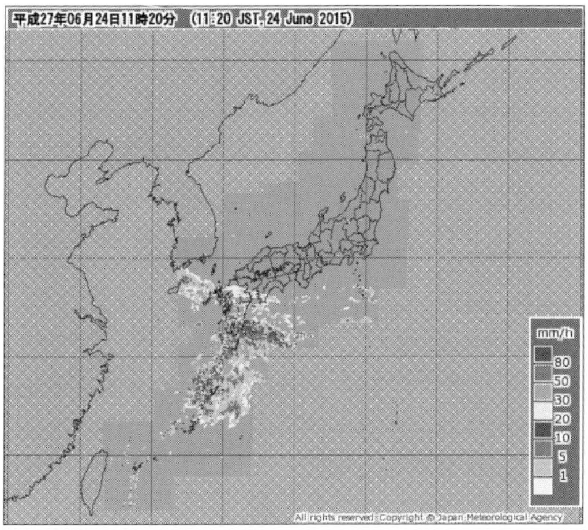

図2-1-21　レーダーエコー合成図

2-1-6　衛星画像

静止気象衛星ひまわりは赤道上約35,800km、東経約140°にあり、撮影された画像には日本列島だけでなく、地球全体が写されています。衛星画像は可視画像、赤外画像、水蒸気画像の３種類があります。

可視画像

太陽光の反射を写した画像なので、反射光が強い雲ほど白く写し出されます。したがって、厚く、発達した雲ほど白く写ります。例えば、低気圧に伴って上層雲から中層雲、下層雲へと続く場合は、全体的に雲の層が厚いので、白く写ります。上層雲だけの場合は雲の層が薄いので、少し灰色を帯びています。また、発

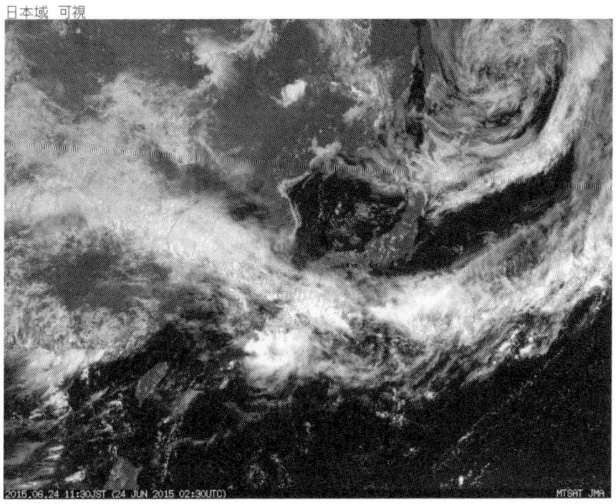

図2-1-22　可視画像

達した積乱雲も下層から上層まで雲が続くため、真っ白に写ります。可視画像を見ることで、飛行経路上の雲の広がり具合を確認することができます。可視画像で注意したいことは、太陽光の当たらない夜間は画像が得られないということです。夜間の雲の状態は、次に説明する赤外画像を利用します。

赤外画像

赤外線は可視光線の中で一番波長が長い「赤」よりも波長が長い電磁波で、目には見えません。身近なところでは、テレビのリモコンに使われています。赤外線の波長は、約0.7μm（マイクロメートル）〜1,000μmです。1μmは、10^{-6}mです。よって、1,000μmは、1 mmになります。ここで注目したいのは、地球上のすべての物体は赤外線を発しているということです。温度が高いものは波長が短い赤外線を多く発します。逆に、温度が低いものは、波長が長い赤外線を少なく発します。赤外画像はこの赤外線の特徴を利用しています。つまり、赤外画像は雲・地表面・大気から放射される赤外線を捉えた画像で、温度が低いほど白く、温度が高いほど暗く表現しています。したがって、雲頂高度が高い雲ほど白く表現されます。例えば、発達した積乱雲は、雲頂高度が高く温度が低いので、真っ白に写ります。薄い上層雲は、それ自体の温度は低いのですが、下層の温度もあわせて観測されるため、白色度が落ちてきます。中層雲や下層雲は、温度が高くなるほど、灰色が濃くなって写し出されます。地面に近い雲や霧は、地表面の温度に近いため、地上との区別がほとんどできません。赤外画像の強みは、太陽光のない夜間でも画像が得られることです。したがって、夜間での雲の

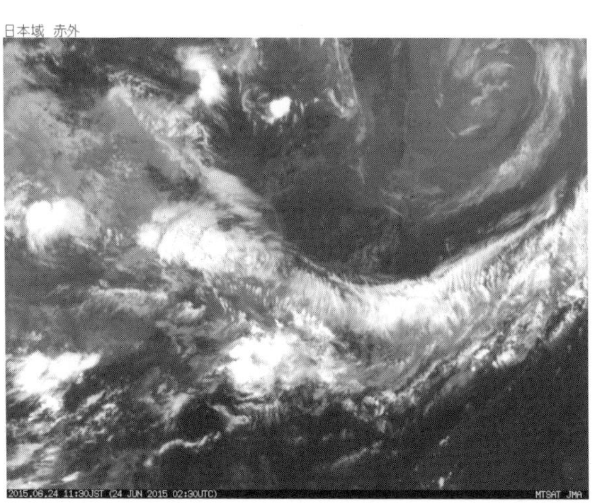

図2-1-23　赤外画像

状態を確認することができます。

水蒸気画像

赤外画像の一つで、大気中にある水蒸気と雲からの赤外放射を観測した画像です。水蒸気画像は、6.8 μm（マイクロメートル）帯の赤外線の特徴を利用しています。その特徴とは、大気中に存在する水蒸気によく吸収されると同時に、その水蒸気から放射されるというものです。したがって、雲がないところでも、対流圏の上層・中層にある微量の水蒸気からの赤外放射を捉えることができます。その結果、対流圏上層・中層で、水蒸気が多いところほど白く、水蒸気が少ないところほど暗く表現するように画像処理されています。水蒸気画像を見ることで、大気の湿り具合を確認することができます。また、連続してみると大気の流れが分かり、ジェット気流の位置を解析したり、低気圧や前線を解析することに利用されます。

図2-1-24　水蒸気画像

2-2　予想図

2-2-1　FSAS24（アジア地上24時間予想天気図）

FSAS24という略号は、F（Forecast 予報）、S（Surface　地上）、A（Analysis 解析）、S（Surface　地上）、24（24時間）を組み合わせてできています。FSAS24（アジア地上24時間予想天気図）を見ることで、高気圧、低気圧、前線の位置や規模、強風域や霧域などを確認することができます。

FSAS24（アジア地上24時間予想天気図）は、0000UTCと1200UTCの観測データやコンピューターによる数値予報等を元に、24時間後の予想天気図を予報官が総合的に判断して作成しています。0000UTCのFSASは日本時間の1500頃に発表され、1200UTCのFSASは日本時間の0400頃に発表されます。つまり、1日に2回発行されることになります。

FSAS24には、次のような項目が描かれています。発行時刻から24時間後に予想される等圧線、高気圧、低気圧、前線、発達した低気圧や台風の情報についての表し方は、ASAS（アジア地上解析図）と同様です。

30kt以上の強風

30kt以上の強風が予想されるところに、風向・風速を示す矢羽根が描かれています。

船体着氷域（ICING AREA）

もともと、FSAS24は船を対象とした天気図です。よって、船体への着氷域が予想されるところに、が描かれています。

海氷域（SEA ICE AREA）

海水が凍結してできた氷が存在すると予想されるエリアが小さい丸印で示されています。

海氷域(AREA OF SEAICE)

霧域（FOG AREA）

霧が予想されるエリアが波線で囲まれた領域で示され、FOGの文字が記されています。

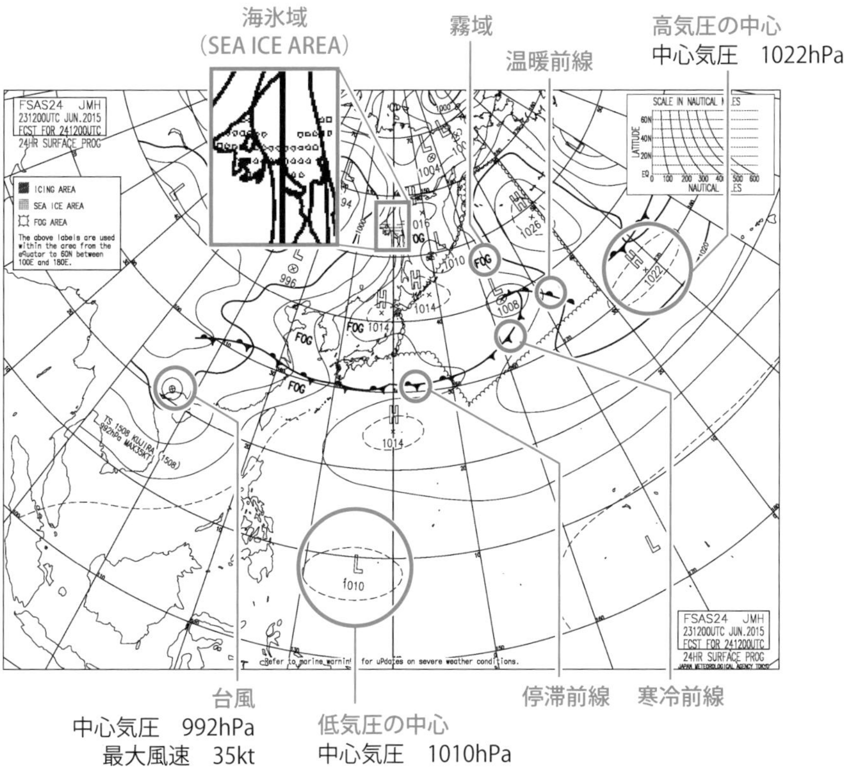

図2-2-1a　FSAS24（アジア地上24時間予想天気図）

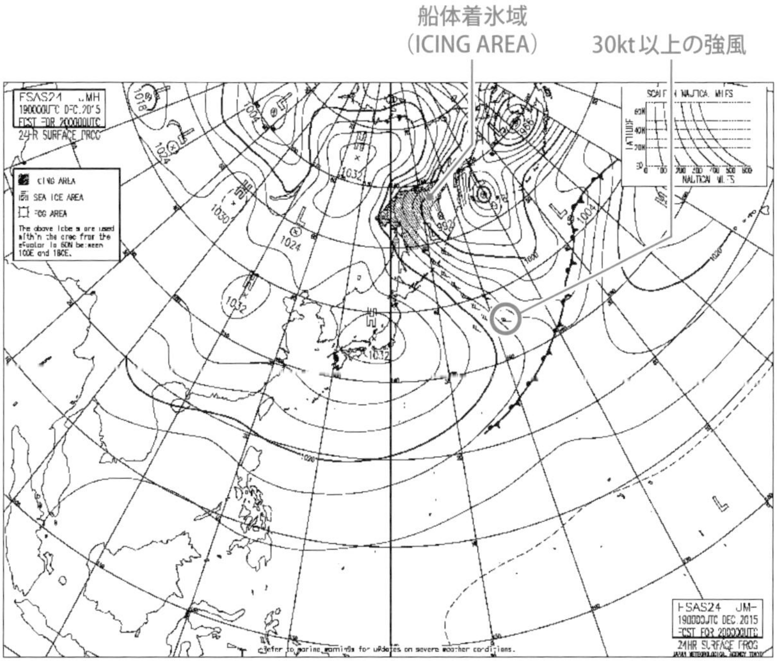

図2-2-1b　FSAS24（アジア地上24時間予想天気図）

2-2-2　FXFE502（極東500hPa高度・渦度12・24時間予想図、極東地上気圧／風／降水量12・24時間予想図）

FXFE502は、500hPaと地上の状況について、作成時刻から12時間後と24時間後の状態を予想した天気図です。予想図の構成ですが、500hPaの12時間後予想図及び24時間後予想図と、地上の12時間後予想図及び24時間後予想図の、合計4つから構成されています。上段の2つが12時間後と24時間後の500hPa予想図で、下段の2つが12時間後と24時間後の地上予想図です。FXFE502の略号は、FX（Forecast Miscellaneous　種々の予報）、FE（Far East　極東）、502（500hPa　地上　12・24時間）を組み合わせてできています。FXFE502は、1日に2回発行され、作成時刻は0000、1200UTCです。この予想図は、コンピューターで計算した結果を図示化した数値予報図です。

●極東500hPa高度・渦度12・24時間予想図

渦度とは何か

渦《うず》度《ど》とは聞き慣れない言葉かもしれませんが、渦度の「渦」はうずまきのうずです。面白いことに大気中のうずまきの状態から天気予報ができます。地球上に吹く風は、まっすぐ吹き続けることはなく、必ず湾曲しています。風が湾曲したところには、風の回転成分が存在します。この風の回転成分を渦度といいます。風の回転には、反時計回りと時計回りがあります。反時計回りを正渦度、時計回りを負渦度といいます。渦度の単位はs^{-1}です。s^{-1}の前には、$\times 10^{-6}$があり、桁数が調整されています。例えば、天気図上に「＋85」と記された正渦度があるとします。これを省略しないで書くと$+85\times 10^{-6}\ s^{-1}$の渦度ということになります。$+85\times 10^{-6}\ s^{-1}$の85の部分にあたる数字が大きいほど正の回転成分が大きいといえます。一方、負渦度は、例えば、$-74\times 10^{-6}\ s^{-1}$のように先頭に－（マイナス）がつきます。74の部分にあたる数字が大きいほど負の回転成分が大きいといえます。渦度の数字は天気図上にいくつも表示されますが、渦度が最も大きいところを渦度極大域といいます。正渦度であれば正渦度極大域、負渦度であれば負渦度極大域といいます。

500hPaは、地上から約18,000ft（約5,400m）に相当し、上層でも下層でもないため、大気の収束や発散の影響が少ない高度帯です。よって、500hPa面は渦度を考える上で最適な高度帯といえます。

ここで、正渦度と負渦度の境目について考えてみます。正渦度と負渦度の境目は、風が湾曲していません。つまり、渦度がゼロとなります。渦度がゼロの部分を渦度ゼロ線といいます。渦度ゼロ線では風が湾曲していないので、直線的に風が吹いていることになります。したがって、渦度ゼロ線を解析することで、強風軸の場所を推定することが可能となります。また、渦度ゼロ線が等高度線を切るように描かれているときは、地上の低気圧の発達や前線の活動が活発になる可能性があります。

ところで、上で説明した渦度は相対渦度ともいいます。「相対」の対義語は「絶対」です。つまり、絶対渦度というものもあります。絶対渦度は、地球の自転による渦度を加味しています。また、地球の自転による渦度を惑星渦度といいます。それぞれの関係を式で表すと、次のようになります。

絶対渦度＝相対渦度＋惑星渦度

惑星渦度をfとすると、$f = 2\Omega\sin\phi$という式で表されます。Ωは自転の角速度で、ϕは緯度です。では、赤道上の惑星渦度はいくつになるでしょうか。赤道の緯度は$0°$です。よって、$\sin\phi = \sin 0° = 0$となるので、惑星渦度fは０になります。それに対し、北極の緯度ϕは$90°$なので、$\sin 90° = 1$となり、惑星渦度fは、2Ωになります。つまり、北半球では北極に向かうほど、惑星渦度が大きくなります。ここで、大気の収束や発散を考えないとすると、絶対渦度には、一つの決まり事があります。それは、「絶対渦度の値は変わらない」ということです。言い換えると、絶対渦度は保存されます。これを絶対渦度保存則といいます。例えば、正の渦度を持つ低気圧が北よりに移動したとします。さきほど、北半球で惑星渦度は北へいくほど大きくなるといいました。絶対渦度は変わらないので、相対渦度は小さくなります。このように、絶対渦度保存則により相対渦度

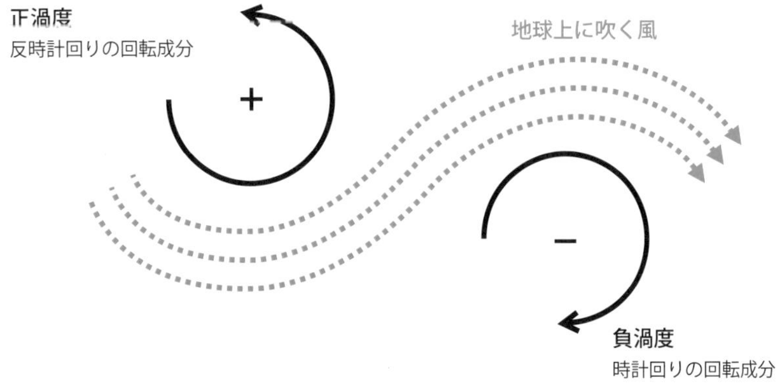

図2-2-2　正渦度と負渦度

の変化をつかむことができます。

極東500hPa高度・渦度12・24時間予想図では、「低気圧の発達・衰弱」と「天気傾向」について、見ることができます。具体的な方法は、次のようになります。

低気圧の発達・衰弱の予想

12時間予想図と24時間予想図で、トラフ上にある正の渦度の極大値の時間的変化を見ることで、低気圧の発達と衰弱を予想します。一般的に渦度の増加は低気圧の発達傾向となり、渦度の減少は低気圧の衰弱傾向となります。

天気傾向の予想

トラフにまとまった負の渦度域があるとき、低圧場での発散域となるので良い天気をもたらす傾向と判断できます。また、リッジにまとまった正の渦度域があるとき、高圧場での寒気流入を示していることがあり、悪天傾向が考えられます。この場合、「500hPaの気温分布」と「700hPaの上昇流分布」をあわせて検討していきます。「500hPaの気温分布」と「700hPaの上昇流分布」については、p.114とp.115を参照してください。

極東500hPa高度・渦度12・24時間予想図には、次のような項目が描かれています。

等高度線

5,700mを基準にして、太い実線で300mごと、実線で60mごとの等高度線が描かれています。高度の値は120mごとに記されています。

渦度線

渦度0の部分は実線が描かれています。

渦度40（$\times 10^{-6}sec^{-1}$）ごとに破線が描かれています（最大±200（$\times 10^{-6}sec^{-1}$）まで）。また、渦度の極大値、極小値の数値が記されています。縦の実線は、正の渦度域を示しています。

高標高領域

縦の破線は標高1,500m以上の領域を、縦横の破線は標高3,000m以上の領域

図2-2-3　FXFE502（極東500hPa高度・渦度12・24時間予想図、極東地上気圧／風／降水量12・24時間予想図）

①

②

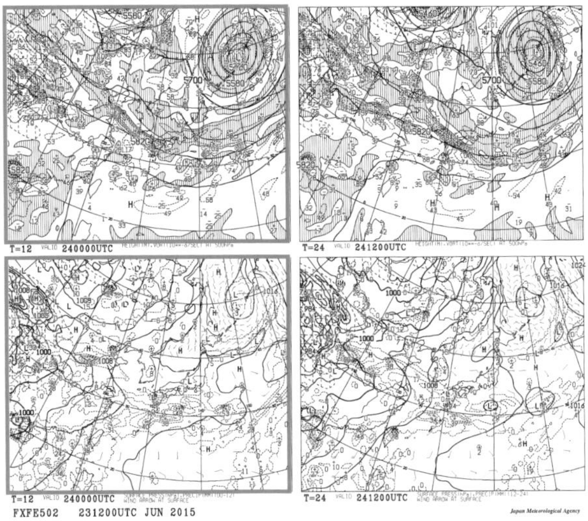

〈①の拡大図〉

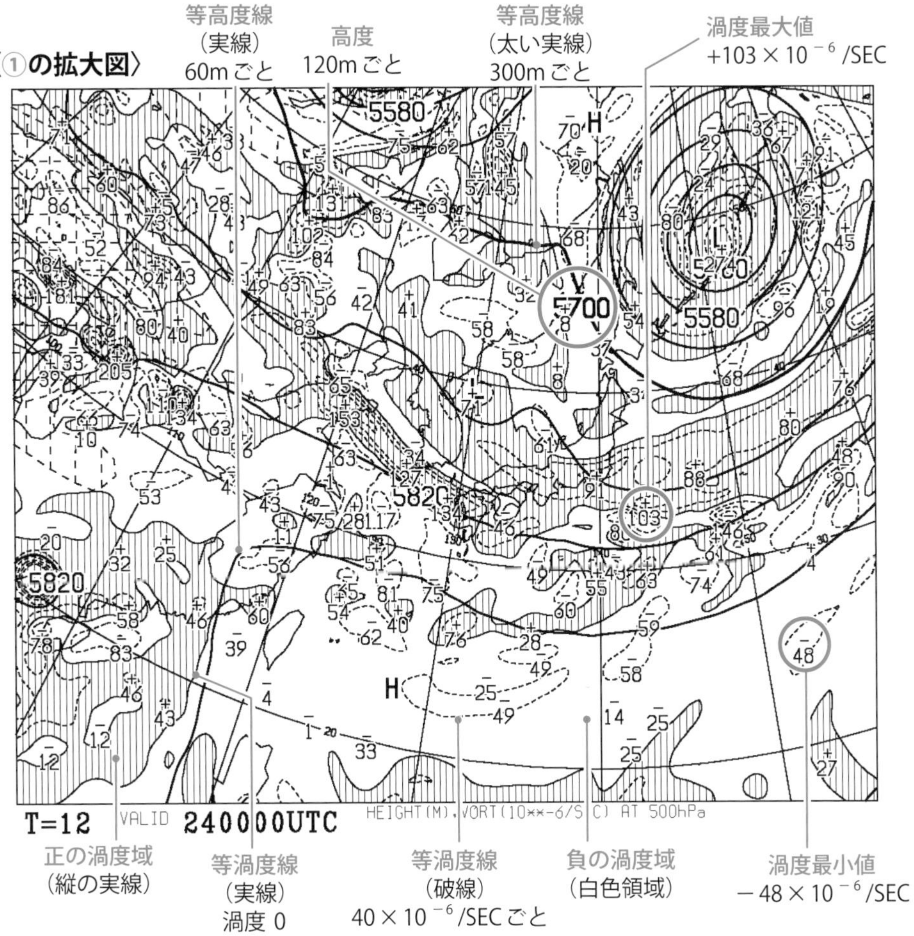

〈②の拡大図〉

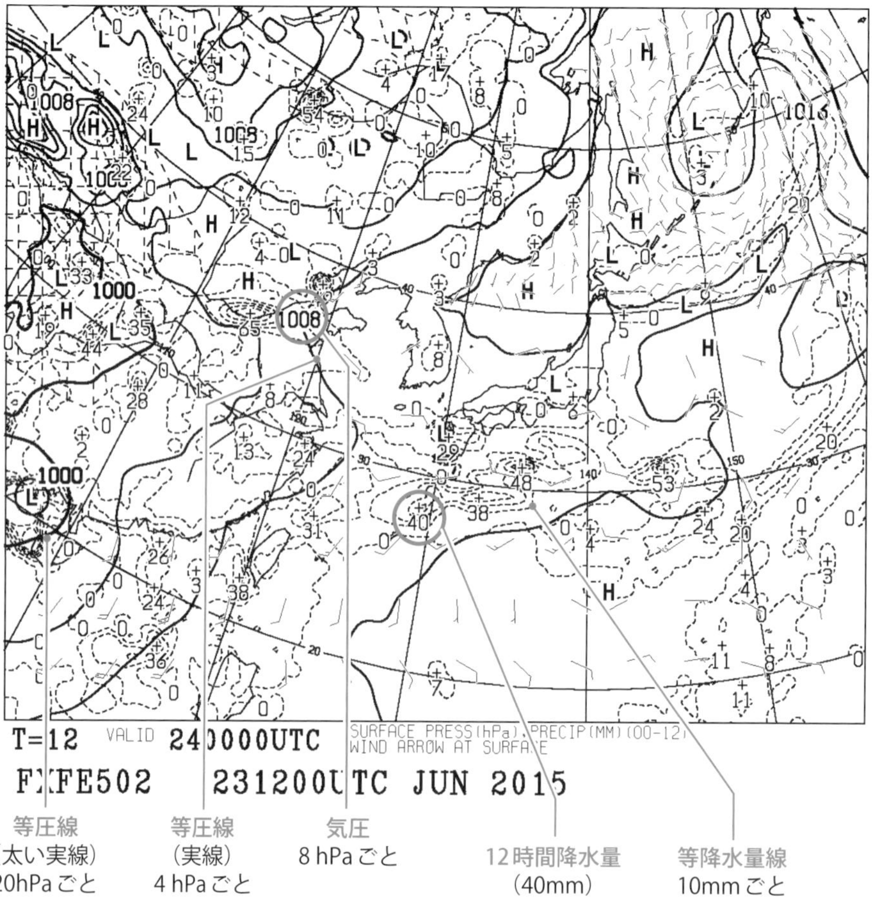

を表しています。

●極東地上気圧／風／降水量12・24時間予想図

極東地上気圧／風／降水量12・24時間予想図では、文字通り、地上の気圧、風、降水量が予想されています。具体的には、高気圧、低気圧、前線の規模や移動方向・移動距離が分かります。また、予想時刻の12時間前からの予想降水量、地表面での予想される風向・風速を把握することができます。

極東地上気圧／風／降水量12・24時間予想図には、次のような項目が描かれています。

等圧線

1,000hPaを基準とした等圧線が描かれています。太い実線は20hPaごと、実線は４hPaごとに描かれています。

高気圧、高圧部

高気圧の中心付近や高圧部に記号「H」が記されています。

低気圧、低圧部

低気圧の中心付近や低圧部に記号「L」が記されています。

降水量

「＋」と表記された地点付近について、予想時刻の12時間前からの降水量が記されています。単位はmmです。例えば、＋印のそばに「23」と書かれていれば、予想時刻の12時間前からの降水量が23mmということになります。また、０mmから50mmまで、10mmごとの等降水量線が破線で描かれています。

予想風

地表面での予想される風向・風速を示す矢羽根が描かれています。

高標高領域

縦の破線は標高1,500m以上の領域を表し、縦横の破線は標高3,000m以上の領域を表します。

2-2-3　FXFE5782（極東500hPa気温／700hPa湿数12・24時間予想図、極東850hPa気温・風／700hPa上昇流12・24時間予想図）

FXFE5782は、「500hPa・700hPa」と「850hPa・700hPa」の状況について、作成時刻から12時間後と24時間後の状態を予想した天気図です。「500hPa・700hPa」の12時間後予想図及び24時間後予想図と、「850hPa・700hPa」の12時間後予想図及び24時間後予想図の、合計４つから構成されています。上段の２つが「500hPa・700hPa」の12時間後と24時間後の予想図で、下段の２つが「850hPa・700hPa」の12時間後と24時間後の予想図です。FXFE5782の略号は、FX（Forecast Miscellaneous　種々の予報）、FE（Far East　極東）、578（500hPa　700hPa　850hPa 12・24時間）、を組み合わせてできています。FXFE5782は、１日に２回発行され、作成時刻は0000、

1200UTCです。この予想図は、コンピューターで計算した結果を図示化した数値予報図です。

●極東500hPa気温／700hPa湿数12・24時間予想図

この予想図から、「500hPaの気温」と「700hPaの湿数」を見ることができます。具体的には、大気の安定度を見るために、大気の中層である500hPa面の気温を使用します。500hPa面の気温と850hPa面の気温を比べたとき、温度差が大きいほど大気は不安定で、発達した積乱雲の発生や雷雨の可能性が高くなります。寒気の中心には記号「C」が記されていて、寒気の中心が接近してくるときは、大気が不安定になる可能性が高いので、雷雨や豪雨に注意する必要があります。また、前に説明しましたショワルター安定指数の予想値を算出するときも、500hPa面の気温を使用します。さらに、500hPa面に－30℃の寒気が入ると、地上で雪が降る目安となります。

次に、極東500hPa気温／700hPa湿数12・24時間予想図において、湿数3℃未満の領域には、縦の実線が引かれています。湿数3℃未満の領域は湿域です。700hPa面での湿域（縦の実線領域）には中層雲・下層雲が予想されるので、雲の広がり方をつかむことができます。そして、雲の広がりに伴う雨域についても検討します。700hPa面での湿域を見るときは、後で説明する700hPa面での上昇流域も併せて見て、総合的に把握する必要があります。

極東500hPa気温／700hPa湿数12・24時間予想図には、次のような項目が描かれています。

500hPa面の等温線

0℃を基準に500hPa面の等温線が太い実線で3℃ごとに描かれています。また、気温の値が6℃ごとに記されています。

700hPa面の湿数の等値線

700hPa面の湿数の等値線が実線で6℃ごとに描かれています。また、湿数3℃の等値線が破線で描かれています。湿域（湿数3℃未満の領域）には、縦の実線が描かれています。

寒気の中心

寒気の中心付近に記号「C」が記されています。

暖気の中心

暖気の中心付近に記号「W」が記されています。

高標高領域

縦の破線は標高1,500m以上の領域を表し、縦横の破線は標高3,000m以上の領域を表します。

●極東850hPa気温・風／700hPa上昇流12・24時間予想図

極東850hPa気温・風／700hPa上昇流12・24時間予想図という名称の中に、上昇流という言葉が入っています。上昇流と名称の中に入っていますが、下降流についても表されています。上昇流と下降流をあわせて、鉛直流ともいいます。鉛直とは地球の重力が働く方向です。この予想図には、鉛直流の速度が速度変化ではなく気圧変化で記されています。この鉛直流の速度を鉛直p速度ともいいます。単位は、hPa/Hourです。つまり、１時間あたりの気圧変化になります。上昇気流が予想されるところには数字とその上に－（マイナス）がつけられています。例えば、予想図中に、$\overset{-}{12}$と記されていれば、12 hPa/Hourの上昇気流になります。まとまった上昇気流があるエリアには、縦の線がいくつも引かれた影が描かれています。一方、下降気流が予想されるところには数字とその上に＋（プラス）がつけられています。例えば、予想図中に、$\overset{+}{19}$と記されていれば、19 hPa/Hourの下降気流になります。さらにこの予想図には、850hPa面の気温と風が表されています。

極東850hPa気温・風／700hPa上昇流12・24時間予想図から、低気圧の発達を確認することができます。具体的には、まず、850hPa面での気温分布と風向を見て、暖気移流があるかどうか確認し、同じような位置に700hPa面での上昇流域があるかどうか確認します。同様に850hPa面での気温分布と風向を見て、寒気移流があるかどうか確認し、同じような位置に700hPa面での下降流域があるかどうか確認します。さらに、前に説明した500hPa面での正渦度が、700hPa面の上昇流域と同じような場所にあるかどうか確かめます。その結果、地上の低気圧の前面に暖気の移流と上昇流域があり、後面に寒気の移流と下降流

図2-2-4　FXFE5782（極東500hPa気温／700hPa湿数12・24時間予想図、極東850hPa気温・風／700hPa上昇流12・24時間予想図）

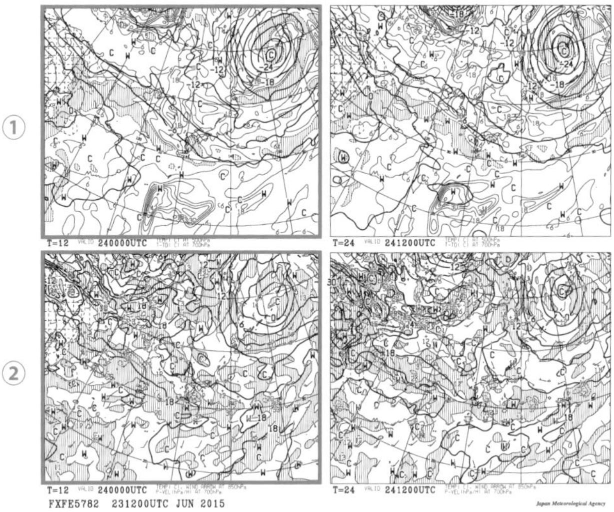

〈①の拡大図〉

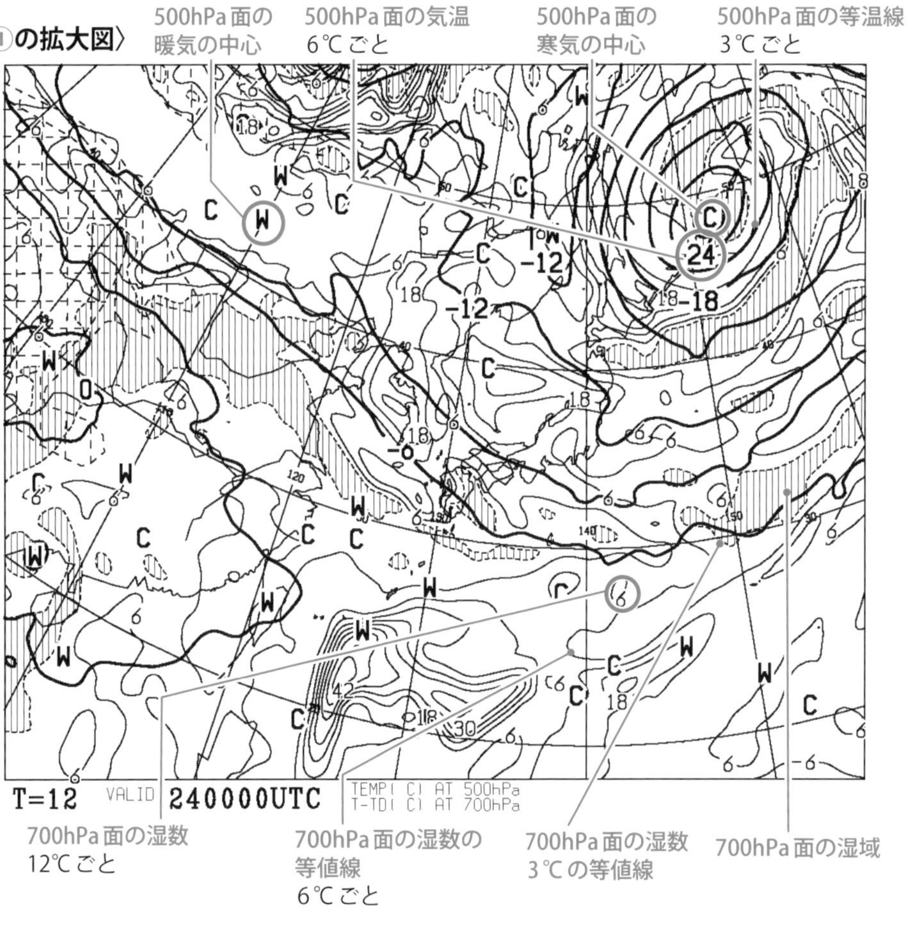

〈②の拡大図〉

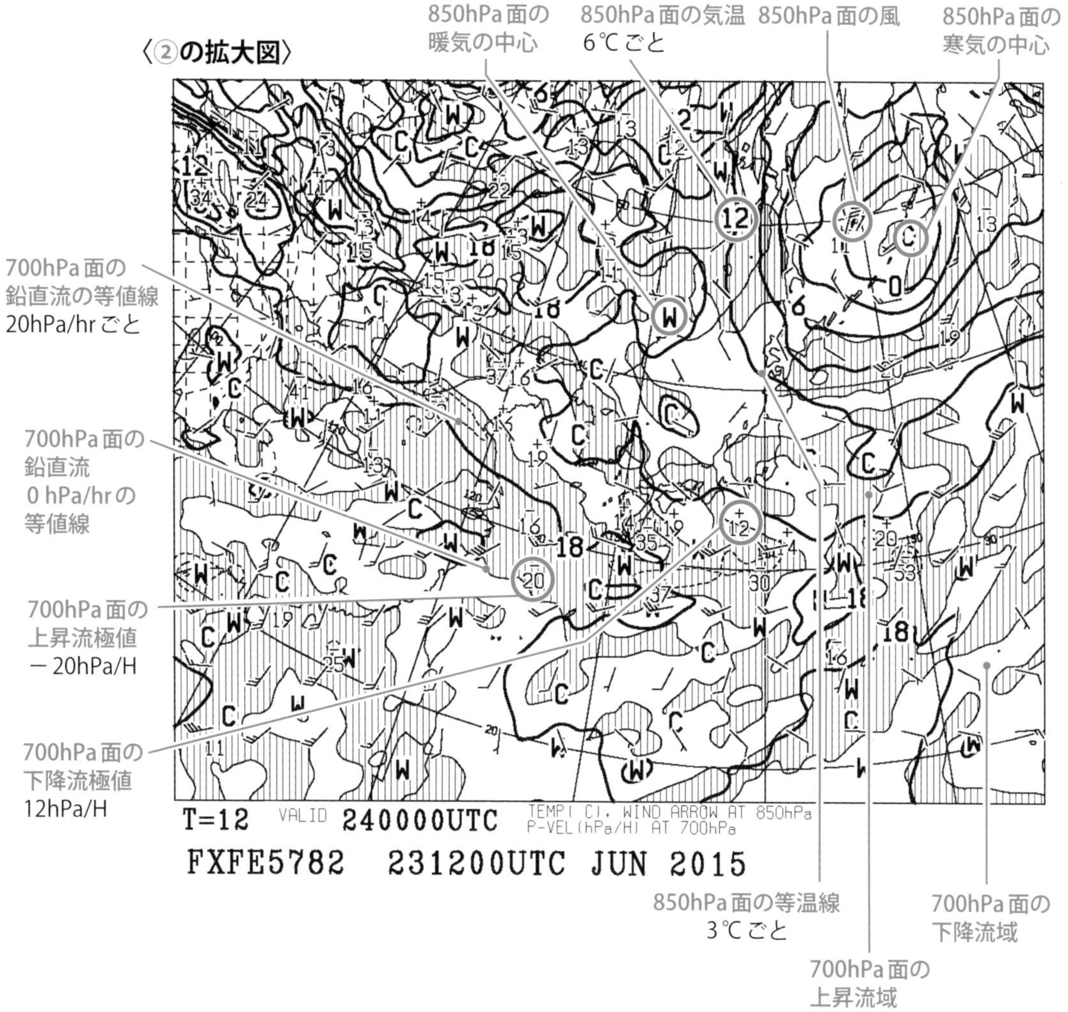

域があり、500hPa面での正渦度が700hPa面の上昇流域と同じような場所にあれば、低気圧は発達する傾向にあるといえます。

また、低気圧の発達のほかに、850hPa面での前線の位置を把握することができます。850hPa面で等温線が混んでいるところは前線に対応します。さらに、850hPa面で風向変化が見られるところや、風下側に風速が大きくなっているところや、風が収束しているところには、前線があると予想できます。同時に、同じような場所に700hPa面での帯状の上昇流域があるかどうか、700hPa面での帯状の湿域があるかどうかを確認します。一般的に、上昇気流が強いところは、前線の活動が活発です。これらを総合的に見て、850hPa面での前線の位置を割り出します。また、後で出てくるFXJP854も850hPa面の状況を予想しているので、これもあわせて判断材料とします。

さらに、下層ジェットの位置を把握することができます。下層ジェットとは、大気下層に現れる風速が40～50kt以上の強風帯です。850hPa面で風速が40～50kt以上の強風帯があれば、下層ジェットの存在が予想されます。この場合、一般的に700hPa面でも強い上昇流域が予想されます。これと同時に暖気の移流があれば、集中豪雨の可能性があります。また、冬型の気圧配置で北西風を伴うときは降雪が予想されたり、海上での風が強くなり海上強風警報などが発表されたりすることがあります。

極東850hPa気温・風／700hPa上昇流12・24時間予想図には、次のような項目が描かれています。

850hPa面の等温線

０℃線を基準に、850hPa面の等温線が３℃ごとに実線で描かれています。また、気温の値が６℃ごとに記されています。

寒気の中心

寒気の中心付近に記号「C」が記されています。

暖気の中心

暖気の中心付近に記号「W」が記されています。

850hPa面の風向・風速

850hPa面の風向・風速を示す矢羽根が描かれています。

700hPa面の鉛直流の等値線

700hPa面の鉛直流について、鉛直流０（０ hPa/Hour）の等値線が実線で、20 hPa/hr間隔の等値線が破線で描かれています。また、上昇流域が縦の実線で描かれています。さらに、上昇流の極値には数値とその上に－（マイナス）、下降流の極値には数値とその上に＋（プラス）が記されています。単位は、hPa/Hourです。

例：－30 hPa/Hourとは１時間に30hPaの上昇流があり、＋30hPa/Hourとは１時間に30hPaの下降流があるという意味になります。

高標高領域

縦の破線は標高1,500m以上の領域を表し、縦横の破線は標高3,000m以上の領域を表します。

2-2-4　FXJP854（日本850hPa相当温位・風12・24・36・48時間予想図）

相当温位とは、空気塊に含まれる水蒸気を考慮した温位です。温位とは、水蒸気を含まない空気塊を1,000hPaに断熱圧縮したときの温度のことです（p.18参照）。FXJP854は、850hPa面の相当温位と風について、作成時刻から12、24、36、48時間後の状態を予想したもので、４つの予想図から構成されています。FXJP854は１日に２回発行され、作成時刻は、0000と1200UTCです。FXJP854という略号は、FX（Forecast Miscellaneous　種々の予報）、JP（Japan日本）、854（850hPa 12・24・36・48時間）を組み合わせてできています。この予想図は、コンピューターで計算した結果を図示化した数値予報図です。

FXJP854により、まず、850hPa面の前線を把握することができます。相当温位線が混むところは異なる性質を持つ空気塊の境目にあたり、前線があると考えられるためです。また、風が不連続に変化しているところも、前線や収束線を表しています。次に、大雨の地域を確認することができます。相当温位が高い部分は、湿潤温暖空気の流入を意味するため、大雨の恐れがあります。夏季に340K以上の場所は大雨を警戒する必要があります。さらに、FXJP854では、下層ジェットの存在を確認することができます。下層ジェットとは、大気下層に現れる風速が40～50kt以上の強風帯です。地上低気圧の前面に850hPa面での暖気移流と下層ジェットが予想される場合、集中豪雨を警戒する必要があります。また、冬型の気圧配置で北西からの下層ジェットが予想されるとき、降雪や地表付近での強風に注意する必要があります。また、下層ジェットの予想時間ごとの変化を比較して、前線活動の活発なところや前線の活動状況の変化を予想します。他にも、風の回転を見ることで、高気圧や低気圧の位置を予想することができます。

FXJP854（日本850hPa相当温位・風12・24・36・48時間予想図）には、次のような項目が描かれています。

850hPa面の等相当温位線

絶対温度（K）（ケルビン）＝摂氏温度（℃）＋273です。この予想図では、

図2-2-5　FXJP854（日本850hPa相当温位・風12・24・36・48時間予想図）

①

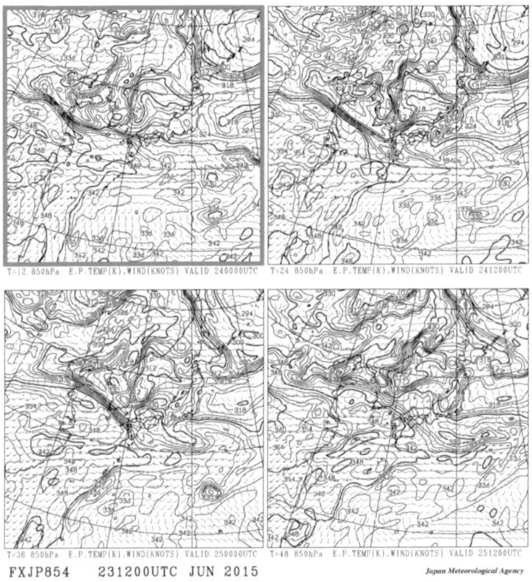

〈①の拡大図〉

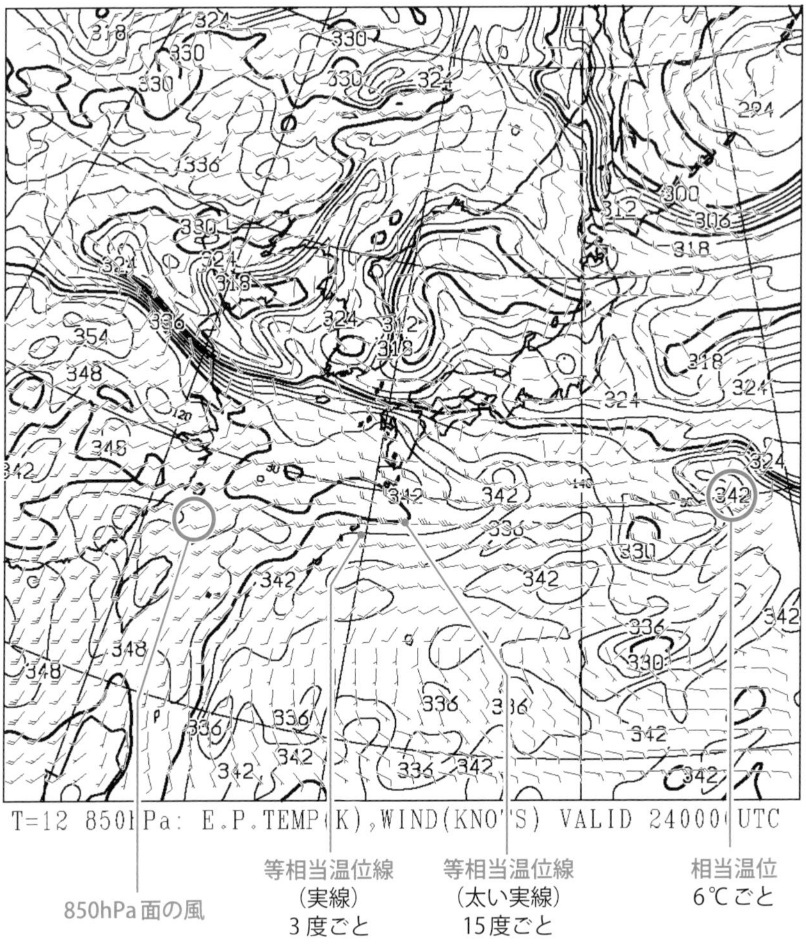

300Kを基準に、等相当温位線が実線で３度ごと、太い実線で15度ごとに描かれています。また、相当温位の値が６度ごとに記されています。

850hPa面の風

850hPa面の風向・風速を示す矢羽根が描かれています。

2-2-5　FBJP（悪天予想図）

FBJP（悪天予想図）は、乱気流や着氷など、フライトに悪影響を及ぼす可能性のある事象について予想したもので、地上から150hPa（約45,000ft）までを対象としています。0000、0600、1200、1800UTCにおける予想をしたものが、１日に４回発行されます。発表される時刻は、日本時間で0330頃、0930頃、1530頃、2130頃です。FBJPという略号は、FB（Forcast significant weather 悪天予想）、JP（JAPAN　日本）を組み合わせてできています。

FBJPを活用することで、飛行予定時刻において、これから飛行しようとするルートや飛行高度帯での、悪天域の有無を確認することができます。

FBJPには、次のような項目が描かれています。

高気圧・低気圧

高気圧と低気圧の中心に＋印があります。また、高気圧には、青色の「H」、低気圧には赤色の「L」が描かれています。そばには、中心気圧（hPa）が記されています。高気圧と低気圧の進行方向に関して、矢印と進行速度（kt）が記載されています。進行速度が遅いときについては、p.86を参照してください。

前線

地上にある前線の位置が描かれ、その移動方向と移動速度（kt）が記されています。

ジェット気流

ジェット気流のジェット軸が実線で描かれ、風向と最大風速が矢羽根で描かれています。矢羽根の下には、ジェット軸の高度が記されています。また、ジェット軸に垂直に描かれた短い２本線は、20ktの速度変化を示しています。

乱気流の強度、高度

乱気流の強度が次のように記載されています。

並の乱気流

強い乱気流

また、乱気流の高度が次の例のように記されています。

例　$\frac{460}{020}$：2,000ftから46,000ftまで

また、晴天乱気流が予想されるところには「CAT」という文字が描かれ、そばに乱気流の強度と高度が記されています。さらに、晴天の悪天域には破線が描かれ、雲中の悪天域には波形実線（scallop line）が描かれています。

着氷の強度、高度

着氷の強度が次のように記載されています。

並の着氷

強い着氷

また、その横に着氷の発現高度が記載されています。

乱気流のときと同じですが、雲中の悪天域には波形実線（scallop line）が描かれます。

山岳波

強度が並（MOD）の山岳波（p.67）には、次のような図が記載されています。

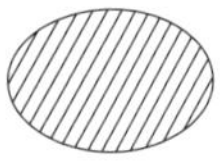

並の山岳波

そばに発現高度が記載されています。また、強度が並～強（MOD TO SEV）の場合、強度が示されます。乱気流のときと同じですが、晴天の悪天域には破線が描かれます。

雲中の悪天域に伴う雲

雲中の悪天域に伴う雲の名称がCU、ACのように記されます。雲の名称につい

ては、「1-4雲 雲の分類（p.27）」を参照してください。

雲中の悪天域に伴う雲量がBKNのように記されます。雲量については「3-1 METAR ⑤雲（p.131）」を参照してください。

CBの雲量

雲中の悪天域に伴う雲がCBの時、CBの雲量が次のように記されます。

ISOL（isolated）：波形実線（scallop line）内で孤立した複数のCB発生が予想されるとき。

OCNL（occasional）：波形実線（scallop line）内で完全に離れた複数のCB発生が予想されるとき。

FRQ（frequent）：波形実線（scallop line）内で少しか離れていないか、まったく離れていない複数のCB発生が予想されるとき。

EMBD（embedded）：他の雲の層に埋まったCB、あるいは煙霧（HAZE）に隠れたCBがあるとき。

REMARKS

FBJP（悪天予想図）に描かれた内容について、進行方向や速度のほか、細部を説明した解説が記載されています。

解説で用いられる略語には次のようなものがあります。

乱気流の発生場所に関するもの

TROUGH：トラフ

RIDGE：リッジ

TROP（TROPOPAUSE）：圏界面

JET FRONT：ジェット前線帯

JET MERGE：ジェット合流場

JET SPLIT：ジェット分流場

BASE（CLOUD BASE）：雲底

BASE / INC（IN CLOUD）：雲底 / 雲中

乱気流の要因に関するもの

VWS（VERTICAL WIND SHEAR）：鉛直ウィンドシア

HWS（HORIZONTAL WIND SHEAR）：水平ウィンドシア

MTW（MOUNTAIN WAVES）：山岳波（上方伝播時のみ使用）

対流雲の発生場所に関するもの

FRONT：前線

LOW：低気圧

TC（TROPICAL CYCLON）：熱帯低気圧（台風も含む）

CVX（COLD VORTEX）：寒冷渦

対流雲の要因に関するもの

UCA（UPPER COLD AIR）：上空寒気

USAM（UNSTABLE AIR MASS）：熱的不安定

LCVG（LOWER CONVERGENCE）：下層収束

LWHA（LOWER WARM AND HUMID AIR）：下層暖湿気

天気現象に関するもの

雷電　雨　霧　雪

等温線

0℃等温線が破線で描かれています。また、「0℃」の下に記された「50」は5,000ftを意味し、「100」は10,000ftを意味しています。

台風

「6」のそばに次の情報が記載されています。

台風番号：西暦下2桁＋発生順

≪例≫1508は、2015年発生の8号を意味しています。

台風の階級

≪例≫T（「2-1 実況図　ASAS（アジア地上解析図）」、p.87「天気図上に表示される熱帯低気圧、台風」を参照）

また、中心気圧（hPa）、最大風速（kt）が記載され、進行方向が矢印で描かれています。

図2-2-6　FBJP（悪天予想図）

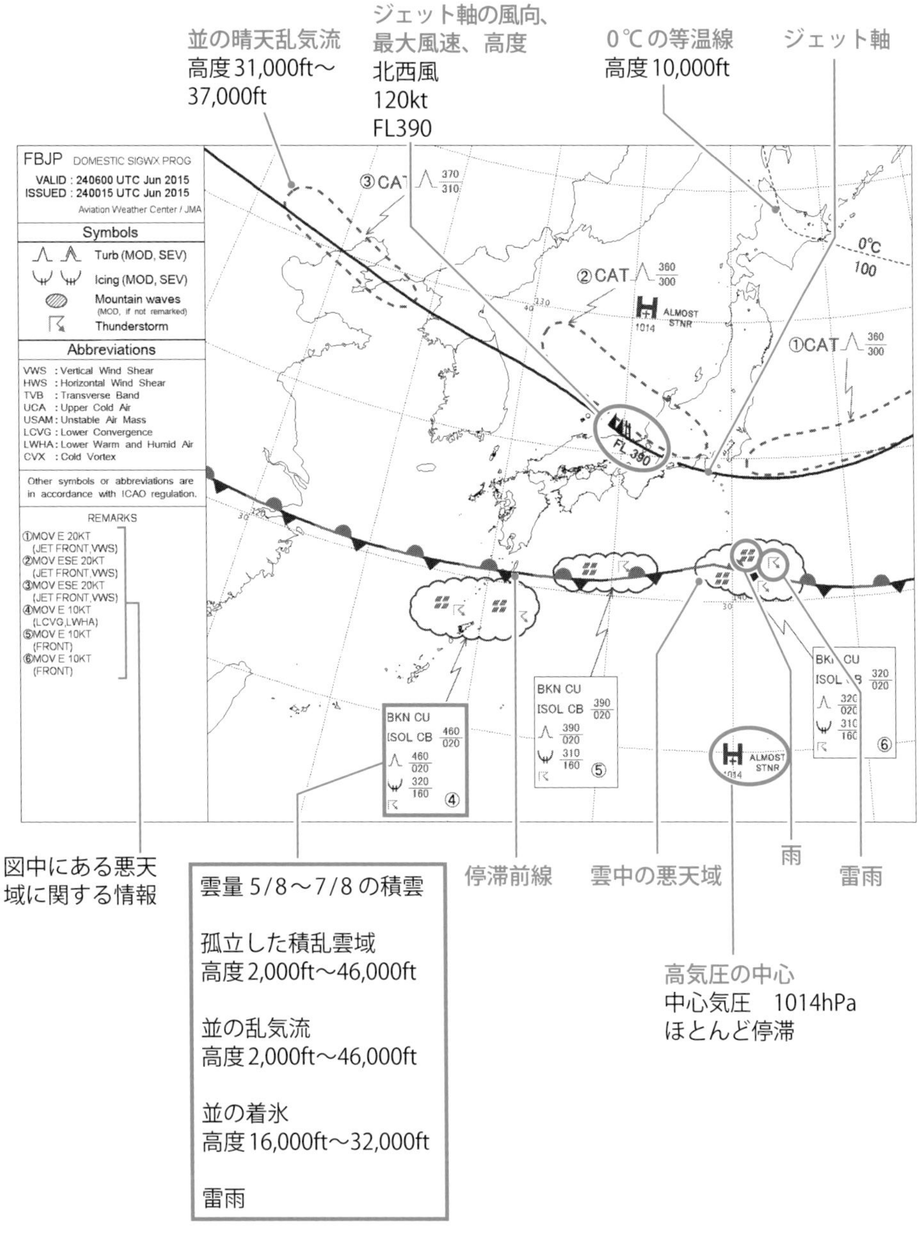

火山噴火

　火山の噴火がある場合、次の図が描かれます。

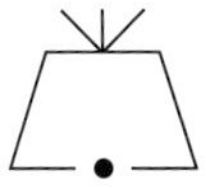

火山噴火

2-2-6　FXJP106（国内航空路予想断面図）

FXJP106は、北海道方面から関東、関西、九州、沖縄方面までの天候を断面的にとらえた予想図で、作成時刻から6時間後の状況を予想しています。予想図の右上に、日本列島の地図が描かれていて、その上に北海道方面から沖縄方面まで直線が引かれていますが、その直線上の天候をこの予想図は表しています。航空路を結んだような経路を予想しているので、航空路予想断面図と呼ばれています。FXJP106は、FXJP112と2つ1組で発行され、それぞれ上段、下段に配置されています。FXJP112は、作成時刻から12時間後の状況を予想しています。

FXJP106は、1日に8回発行され、作成時刻は0000、0300、0600、0900、1200、1500、1800、2100UTCです。FXJP106という略語は、FX（Forecast miscellaneous　種々の予報）、JP（Japan　日本）、106（6時間）を組み合わせてできています。この予想図は、コンピューターで計算した結果を表した数値予報図です。FXJP106を用いて、これから飛行しようとするルートや飛行高度帯について、大気の状態を確認します。

FXJP106（国内航空路予想断面図）には、次のような項目が描かれています。

等温位線

等温位線が太い実線で5度ごとに描かれています。また、温位の値が10度ごとに記されています。単位はK（ケルビン）です。

等温線

等温線が実線で5℃ごとに描かれています。また、気温の値が10℃ごとに記されています。

ウィンドシア

ウィンドシアの予想されるエリアが太い破線で描かれています。

等風速線

等風速線が破線で描かれています。また、風速の値が20ktごとに記されています。

湿域

T − Td ＜ 3 ℃の湿域が波形実線（scallop line）で描かれています。

圏界面

圏界面が次の記号で描かれています。

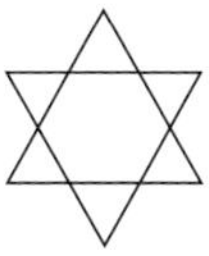

圏界面

風向・風速

風向・風速を示す矢羽根が描かれています。

図2-2-7　FXJP106（国内航空路予想断面図）

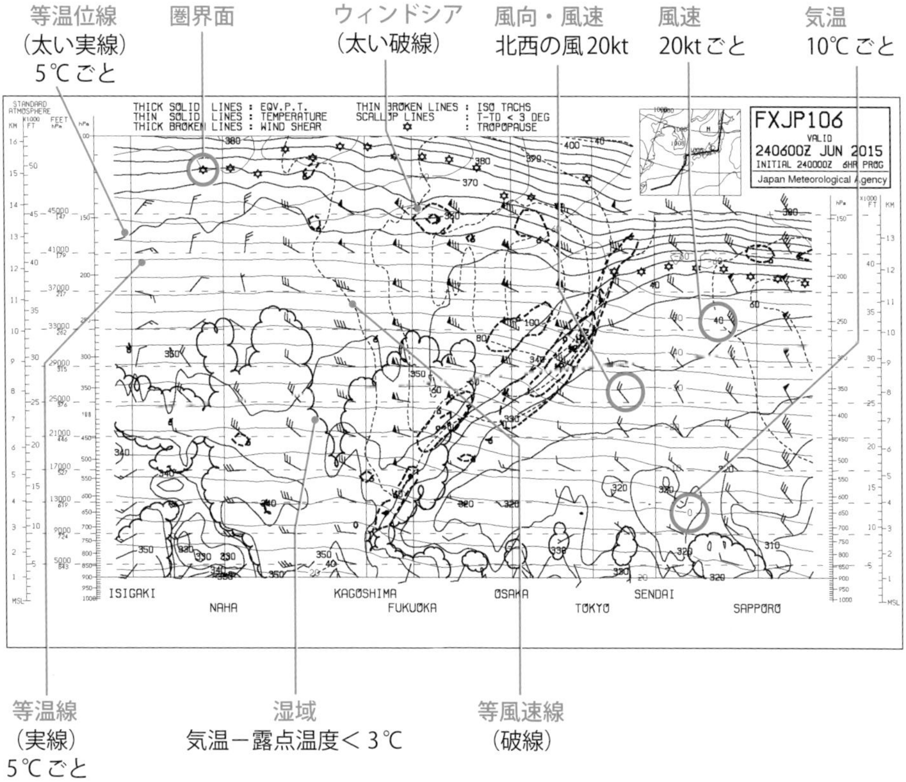

2-2-7　FEFE19（週間アンサンブル予想）

FEFE19は、極東（Far East）地域に関して、作成時刻の72時間後（3日後）から192時間後（8日後）までの、6日分から構成された予想図です。FEFE19の作成時刻は1200UTCで、1日に1回発行されます。この予想図は、コンピューターで計算した結果を表した数値予報図です。FEFE19は、72〜192時間後あたりに計画されたフライトに関し、天候予測の判断材料として活用します。

FEFE19（週間アンサンブル予想）には、次のような項目が描かれています。

等圧線

等圧線が実線で描かれています。

高気圧・低気圧

高気圧が記号「H」で記され、低気圧が記号「L」で記されています。

降水量

予想時刻前24時間の降水量が5mm以上のエリアをメッシュ で表しています。

図2-2-8　FEFE19（週間アンサンブル予想）

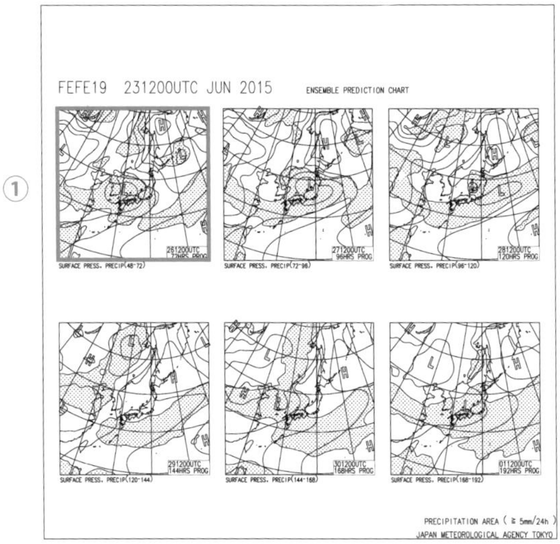

〈①の拡大図〉

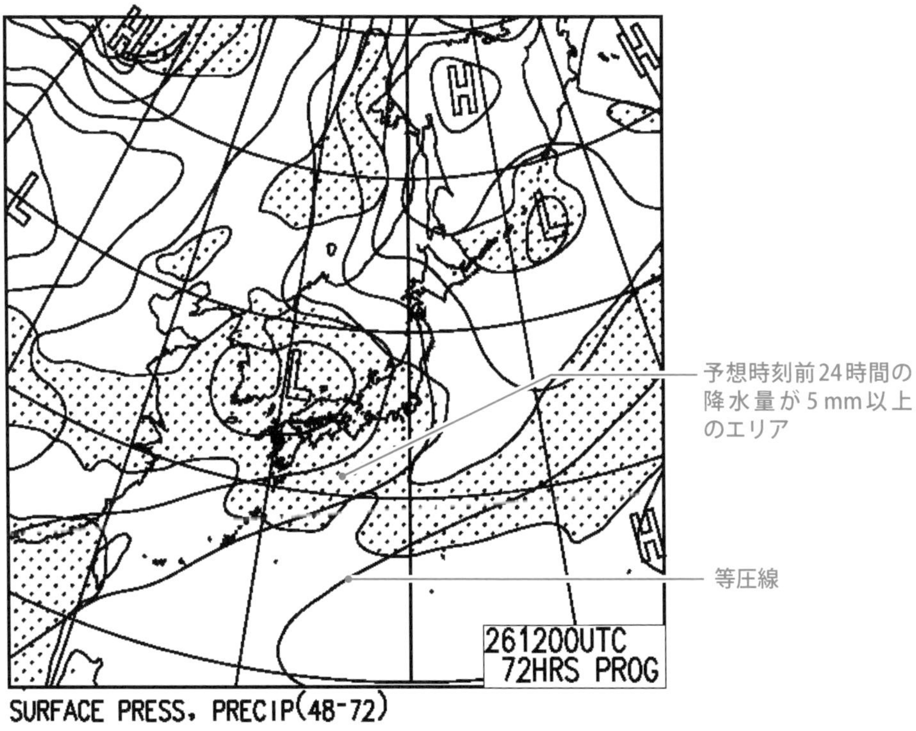

第3章

空港の気象

多くの空港では、風向風速、視程、天気現象、雲の量や高さ、気温、気圧などを観測し、METAR（定時飛行場実況気象）として報じています。また、空港によってはTAF（運航用飛行場予報）という予報も行っています。METARとTAFは、NOAA NWS Aviation Weather Center（http://www.aviationweather.gov/adds/metars/）というウェブサイトから入手できます。このページのMETARsとTAFsにチェックマークを入れて、空欄に空港ごとの地点略号を入力して、Submit（送信）すると、該当データがあれば、すぐに表示されます。日本の空港の地点略号はRJまたはROから始まります。例えば、仙台はRJSS、那覇はROAHです。空港の気象情報には他に、TREND、ATISなどがあります。

3-1　METAR（定時飛行場実況気象）

風向風速、視程、雲の状況、気温、気圧などについて、定時に一定の書式で通報される気象情報です。METAR《メター》は、1時間ごとに発表されます（新千歳空港、東京国際空港、成田国際空港、中部国際空港、関西国際空港、福岡空港、那覇空港の7空港は30分ごとに発表されます）。METARには、有人観測と自動観測があります。諸説ありますが、METARという5文字は、MEteorological Terminal Aviation Routine Weather Reportを簡略にした語です。

＜例1＞

①	②	③	④
RJCC	060330Z	18018KT	9999
新千歳	6日0330Z観測	180度の方向から 18KTの風	視程10km以上

⑤		
FEW050	17/01	Q1007
雲量 1/8～2/8 雲の高さ 5,000FT	気温（℃）/露点（℃）	気圧（hPa）

⑥

RMK	1CU050	A2974
国内記事	雲量1/8、CU、5,000FT	気圧（inHg）

①地点略号

RJCCは新千歳を示す地点略号で、日本の空港はRJまたはROから始まります。

②観測日時

観測日時は、日付と時間が示されています。「Z」とはUTC（Universal Time Coordinated；協定世界時）のことで、日本時間はZ＋９時間となります。

0330Zは日本時間で1230になります。

③風向風速

風向風速は、滑走路の接地帯付近、高さ約10mでの風が計測されています。

風速は観測時刻前10分間の平均値で、真方位で示されます。真方位とは、経線を北極点方向にたどった真北からの方位をいいます。なお、タワーやレディオなどから無線を通じて報じられる風や、ATISから報じられる風は、磁方位で示されています。磁方位とは、地磁気を加味した磁北からの方位です。タワーやレディオなどから無線を通じて報じられる風は、観測時刻前２分間の平均値かその瞬間の値のどちらかです。前者は２分計による値で６秒ごとに更新され、後者は瞬間計による値です。ATISについては、p.153を参照してください。

読み方の例

18018KT：wind one eight zero degrees one eight knots

風速が0.4 kt以下のときは、「00000KT」と示されます。

読み方の例

00000KT：wind calm

次の３つの場合、「VRB（variable）」という文字に続き「風速の値」が、「VRB02KT」や「VRB13KT」のように示されます。

- 平均風速が３kt未満で風向変動幅が60度以上ある場合
- 平均風速が３kt以上で風向変動幅が180度以上ある場合
- １つの風向を特定できない場合

読み方の例

VRB02KT：wind variable two knots

VRB13KT：wind variable one three knots

平均風速が３kt以上で、10分間の風向変動幅が60度以上180度未満のとき、風向変動している角度の両端の値が「V（Variable）」という文字を挟んで時計回り順に、120V210のように記されます。

読み方の例

15012KT 120V210：wind one five zero degrees one two knots, direction variable between one two zero and two one zero degrees

観測時刻前10分間に平均風速を10kt以上上まわる最大瞬間風速があった場合、風向風速の後に「G（Gust)」という文字と「最大風速の値」が「15015G30KT」のように記されます。

読み方の例

15015G30KT：wind one five zero degrees one five knots, maximum three zero knots

読み方の例

32028G45/16KT：wind three two zero degrees two eight knots maximum four five knots minimum one six knots

④視程

有人観測では卓越視程を報じています。卓越視程とは、観測地点から水平方向に360度観測したとき、半分以上の範囲に共通している最大水平視程のことです。昼間は観測者の肉眼で予め位置を確認してある目標物を視認することで判明される距離、夜間は観測機材により計測された距離が使用されます。自動観測では、滑走路付近に設置したRVR観測装置（または視程計）で測定されたMORの１分間平均値が報じられます。MORはMeteorological Optical Rangeのことで、日本語では気象光学距離といい、15秒間隔で算出しています。

卓越視程が10km以上のときは「9999」と表されます。

読み方の例

9999：visibility one zero kilometers

卓越視程が10km未満、5,000m以上のときは「5000」、「6000」、「7000」のようにメートル単位で４桁の数字で表されます。

読み方の例

5000：visibility five thousand meters

6000：visibility six kilometers

7000：visibility seven kilometers

卓越視程が5,000m未満のときは、「3500」のように100m間隔で示されます。

読み方の例

3500：visibility three thousand five hundred meters

卓越視程が100m未満の場合、「0000」と表されます。

読み方の例

0000：visibility below one hundred meters

⑤雲

METARでは、雲量、雲底の高さが次のように示されます。

雲量：**FEW**；雲量１/８～２/８

SCT（scattered）；雲量３/８～４/８

BKN（broken）；雲量５/８～７/８

OVC（overcast）；雲量８/８

雲底の高さ：観測地点がある地表または水面からの垂直距離が３桁の数字により示されます（p.138「雲底とシーリング」参照）。

050は、5,000ftを表します。

100は、10,000ftを表します。

３桁の数字の代わりに///があると、雲底高度が不明ということを意味し、「height unknown」と読みます。

000は、雲底高度が100ftを下回ることを意味し、「BELOW　100ft」と読みます。使用例は、＜例 4 ＞（p.141）を参照してください。

読み方の例

FEW050：few five thousand feet

BKN040：broken four thousand feet

OVC100：overcast one zero thousand feet

SCT///：scattered height unknown

雲の群（雲量、雲底の高さ（、雲形））は最大 3 群まで示されますが、CB（積乱雲）、TCU（塔状積雲）が観測された場合は、最大 4 群まで示されます。

有人観察では、雲底の高さは飛行場内に設置されたシーロメーター（ceilometer：雲高測定器）を参考に目視により観測され、雲量及び雲形は目視のみにより観測されます。自動観測での雲については、「3-2　自動観測によるMETAR」（p.144）を参照してください。

⑥RMK（国内記事）

RMKはREMARKSを省略したもので、注釈や備考といった意味があります。RMKでは日本国内用に主に次のことについて補足説明しています。

・雲量の具体的数値

・雲の種類

・雲底の高さ

・違う単位（inHg）で気圧を表示したときの値

・方向視程（方向を特定した視程）

・航空機から報告された現象（PIREP《パイレップ》：Pilot Report）

並（Moderate）以上の乱気流（Turbulence）

並（Moderate）以上の着氷（Icing）

ひょう（GR：Hail）

ろうと雲（FC：Funnel Cloud）

竜巻（陸上の竜巻　TDO：Tornado、水上の竜巻　WTSPT：Waterspout）

放電または機体への落雷（DISCHARGE）

・視界内の現象

飛行場から約20km以内に次の現象がある場合、その存在位置、移動方向などが報じられます。

〈存在位置および移動方向が報じられるもの〉

TS（雷電、強度を表す略語　FBL（Feebleの略語：弱い）、MOD（Moderateの略語：並の）、HVY（Heavyの略語：強い）が前置されます）

CB（積乱雲）

TCU（塔状積雲）

VIRGA（下層雲に伴う尾流雲）

LIGHTNING（近い電光）

FC（ろうと雲）

TDO、WTSPT（陸上の竜巻、水上の竜巻）

〈存在位置または存在方向が報じられるもの〉

FG BANK（Fog Bank：霧の塊）

SEV SQL（Severe Squall：激しいスコールライン）

DS、SS（Dust Storm、Sand Storm：砂じん嵐）

FU LYR（Fume Layer：浮遊する濃い煙の層）

その他、運航上重大な影響があると思われる大気現象

読み方の例

HVY TS 15KM S MOV NW：heavy thunderstorm one five kilometers south moving northwest

他の「読み方の例」として、p.146を参照してください。

・気圧の上昇・降下（観測時刻前30分間に 1 hPa（約0.03inHg）をこえて変化した場合、P/RR、P/FRと報じられます）

読み方の例

P/RR：pressure rising rapidly

P/FR：pressure falling rapidly

・降雨強度（有人観測では降雨強度30mm/h以上のとき、「RI++」と報じられます。自動観測による降雨強度は「RI035」のように報じられますが、詳しくは「3-2　自動観測によるMETAR」（p.144）を参照してください。）

読み方の例

RI++：remarkable rainfall intensity

・あられの種別（現在天気でGS（あられ）が報じられたとき、それがSNOW PELLETS（雪あられ）なのか、SMALL HAIL（氷あられ）なのか説明されます）

＜例１＞では、FEW050の雲について、雲量が1/8であること、雲の種類がCUであること、雲底の高さが5,000FTであること、気圧1007hPaは29.74inHgであることが補足説明されています。なお、雲の種類については、次の９つが用いられます。AC（高積雲）、AS（高層雲）、NS（乱層雲）、SC（層積雲）、ST（層雲）、CU（積雲）、CB（積乱雲）、TCU（Towering Cumulus；塔状積雲）、//（不明）

CBやTCUが観測された場合、⑤雲のところで雲量と雲の高さに続いて、CBまたはTCUと記されます。この部分で雲の種類が表記されるのはCBとTCUだけで、重要な対流雲として分類されています。

自動観測でのRMKについては、「3-2　自動観測によるMETAR」（p.144）を参照してください。

＜例2＞

RJFT	260400Z	04007KT	360V070
熊本	26日0400Z観測	040度の方向から 07KTの風	360度から070度までの風向変動

5000	－RA	BR
視程5,000m	弱い雨	もや

（①：－RA BR　②：SCT025 BKN040）

SCT025	BKN040	OVC100
雲量 3/8～4/8 雲の高さ 2,500FT	雲量 5/8～7/8 雲の高さ 4,000FT	雲量 8/8 雲の高さ 10,000FT

23/19	Q1008
気温（℃）/露点（℃）	気圧（hPa）

①現在天気

－RAは弱い雨を、BRはもやを表しています。現在天気は、飛行場標点から半径約８kmの円内で観測された現象が報じられます。つまり、弱い雨及びもやが飛行場標点から半径約８kmの円内にあるということを示しています。

読み方の例

－**RABR**：light rain mist

有人観測での現在天気は、次の１～６の要素のうち、該当するものが組み合わされて表示されます。自動観測での現在天気については、「3-2　自動観測によるMETAR」（p.144）を参照してください。

1　強度を表す記号には、「－」と「＋」があります。

「－」は弱いという意味で「light」と読みます。

「＋」は強いという意味で「heavy」と読みます。

記号が付かないときは、並の強さ（moderate）を意味しています。現象の強度は観測時のもので、降水、DS（duststorm；砂じん嵐）、SS（sandstorm；砂じん嵐）に対して使用されます。

2　空港の周辺現象での天気現象を示すときは、「VC」が使われます。

「VC」は、周辺という意味のvicinityという語を省略したものです。空港の周辺といっても、範囲が決められています。飛行場標点から半径約８kmの円と半径約16kmの円に挟まれた区域が「VC」の範囲です。

例えば、空港周辺にFG（霧）がある場合、＜例２＞の－RABRの代わりにVCFGと表記されます。

読み方の例

VCFG：fog in the vicinity

空港周辺に天気現象があるとき、「VC」の後に続く天気現象は、次の表に示すものが対象になります。

VCの後に続く天気現象

<table>
<tr><th>記号</th><th>読み方の例</th><th>意味</th><th colspan="2">備考</th></tr>
<tr><td>FG</td><td>fog</td><td>霧</td><td colspan="2"></td></tr>
<tr><td rowspan="2">PO</td><td>dust whirls</td><td rowspan="2">じん旋風</td><td colspan="2">dustは塵、whirlsは旋風のことです。</td></tr>
<tr><td>sand whirls</td><td colspan="2">砂の旋風です。</td></tr>
<tr><td>FC</td><td>funnel cloud</td><td>ろうと雲</td><td>FCは竜巻が発生するときに観測されますが、地上または海面に到達していないものをろうと雲といいます。</td><td rowspan="2">FCが観測されたとき、観測区域は飛行場標点から半径約20kmの円内に拡大されます。</td></tr>
<tr><td>+FC</td><td>well developed funnel cloud</td><td>竜巻</td><td>竜巻を意味する英語には、他に、tornadoやwaterspout（水上竜巻）があります。</td></tr>
<tr><td>DS</td><td>duststorm</td><td>砂じん嵐</td><td colspan="2">塵（dust）の嵐です。</td></tr>
</table>

SS	sandstorm	砂じん嵐	砂（sand）の嵐です。
SH	shower(s)	しゅう雨性	飛行場周辺の降水は、その強度や種類に関係なくVCSH（showers in the vicinity）と報じられます。
BLSN	blowing snow	2m以上の高さに吹き上げられた雪	
BLDU	blowing dust	2m以上の高さに吹き上げられた塵	
BLSA	blowing sand	2m以上の高さに吹き上げられた砂	
VA	volcanic ash	火山灰	

3　現在天気の特性を示す記号は、次のとおりです。

現在天気の特性を示す記号

記号	読み方の例	意味	備考	
MI	shallow	地、浅い	FGと組み合わせて使われます。	MIFG（fog shallow）（地霧）
BC	patches	散在、斑点		BCFG（fog patches）（散在霧）
PR	partial	部分		PRFG（fog partial）（部分霧）
DR	low drifting	低く吹き溜まりになる	driftには、「吹きだまりになる」という意味があります。DU（dust；じん）、SA（sand；砂）、SN（snow；雪）が風で2m未満の高さに吹き上げられているときに使用されます。；DRDU、DRSA、DRSN	
BL	blowing	吹く	DU（dust；じん）、SA（sand；砂）、SN（snow；雪）が風で2m以上の高さに吹き上げられているときに使用されます。；BLDU、BLSA、BLSN	
SH	shower(s)	しゅう雨性	RA（rain；雨）、SN（snow；雪）、GS（snow pellets；雪あられ、またはsmall hail；氷あられ）、GR（hail；ひょう）と組み合わせることで、それぞれがしゅう雨性であることを示します。）；SHRA（shower of rain）、SHSN、SHGS、SHGR	
TS	thunderstorm	雷電	RA、SN、GS、GRと組み合わせて用いられます。；TSRA（thunderstorm with rain）、TSSN、TSGS、TSGR、この現象がない場合は、TSだけで使用されます。	
FZ	freezing	着氷性	FG（fog；霧）、DZ（drizzle；霧雨）、RA（rain；雨）と組み合わせて用いられます。；FZFG（freezing fog）、FZDZ（freezing drizzle）、FZRA（freezing rain）	

4　降水現象を表す記号は次のとおりです。

降水現象を表す記号

記号	読み方の例	意味	備考
DZ	drizzle	霧雨	
RA	rain	雨	
SN	snow	雪	
RASN SNRA	rain and snow snow and rain	みぞれ	みぞれを意味する英語には、他に、sleetがあります。
SG	snow grains	霧雪	grainには、「粒」という意味があります。
PL	ice pellets	凍雨	pelletには、「小球」という意味があります。
GR	hail	ひょう	
GS	snow pellets small hail	雪あられ 氷あられ	

5　視程障害現象を表す記号は次のとおりです。

視程障害現象を表す記号

記号	読み方の例	意味	備考
BR	mist	もや	視程1,000m以上5,000m以下の場合に使用されます。
FG	fog	霧	視程1,000m未満の場合に使用されます。
FU	fume	煙	視程5,000m以下の場合に使用されます。
VA	volcanic ash	火山灰	降灰があるときに使用されます。
DU	dust	じん	視程5,000m以下の場合に使用されます。
SA	sand	砂	視程5,000m以下の場合に使用されます。
HZ	haze	煙霧	視程5,000m以下の場合に使用されます。

6　その他の現象

その他の現象

記号	読み方の例	意味	備考
PO	dust whirls sand whirls	塵のじん旋風 砂のじん旋風	
SQ	squall	スコール	風速が1分間に8m/s（16KT）以上増し、風速11m/s（22KT）以上の状態が最低1分間継続した状態
FC	funnel cloud	ろうと雲	「+FC」は竜巻です。（読み方の例：well developed funnel cloud）
DS	dust storm	砂じん嵐	塵（dust）の嵐です。
SS	sand storm	砂じん嵐	砂（sand）の嵐です。

②雲底とシーリング

SCT025は、地表面からの雲底までの距離が2,500ftという意味です。

また、地表面から雲量がBKN以上の雲底までの距離をシーリングといい、<例２>でのシーリングは4,000ftになります。

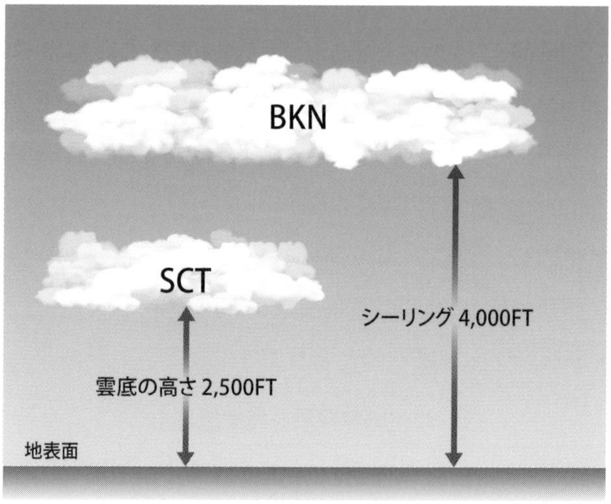

図3-1-1　雲底の高さ・シーリング

<例3>

RJOK	241000Z	19015KT	4000
高知	24日1000Z観測	190度の方向から 15KTの風	視程4,000m

R32/1100VP2000U	SHRA	BR
ランウェイ32の滑走路視距離 1,100mから2,000m以上の間、10分間の変化傾向は100m以上上昇	しゅう雨	もや

FEW004	SCT015	BKN020
雲量 1/8～2/8 雲の高さ 400FT	雲量 3/8～4/8 雲の高さ 1,500FT	雲量 5/8～7/8 雲の高さ 2,000FT

24/23	Q1008
気温（℃）/露点（℃）	気圧（hPa）

滑走路視距離（RVR：Runway Visual Range）

滑走路脇に設置された観測装置で測定された、パイロットが見通すことが可能な距離を滑走路視距離（RVR）といいます。RVR観測装置は滑走路の手前側と中央付近と奥側に１つずつ、合計３つあり、平均的なパイロットの目線である2.5 mの高さで観測できるように設置されています。計器飛行方式で離陸しようとしている航空機と着陸しようとしている航空機は、一定以上の滑走路視距離（RVR）がなければ離陸することも、着陸のための進入を継続することもできません。RVR値は、10分間の平均値がメートル単位で４桁の数字で通報されます。

４桁の数字には、次のような基準があります。

観測できるRVRの上限が2,000mの場合

400mまでは、25m間隔

400mから800mまでは50m間隔

800mを超える場合は、100m間隔

観測できるRVRの上限が1,800mの場合

800mまでは50m間隔

800mを超える場合は、100m間隔

RVR値は常にMETARで通報されていません。RVRが通報されるのは、

・視程または方向視程（方向を特定した視程）が1,500m以下のとき

・３つのRVR値のいずれかが上限以下のとき（上限は、2,000mまたは1,800m）

となります。なお、自動観測のとき方向視程は報じられないので、上にある一番目の条件から方向視程は外されます。

RVR値のあとにU、D、Nの記号が付くときがありますが、それぞれ次のような意味があります。

U（Upward）：通報されているRVRの10分間の観測値のうち前半５分と後半５分の平均値を比較したとき、100m以上上昇した場合。

読み方の例

R27/0800U：runway two seven RVR eight hundred meters upward

D（Downward）：通報されているRVRの10分間の観測値のうち前半５分と後半５分の平均値を比較したとき、100m以上下降した場合。

読み方の例

R27/0800D：runway two seven RVR eight hundred meters downward

N（No change）：通報されているRVRの10分間の観測値のうち前半５分と後半５分の平均値を比較したとき、差が100m未満の場合。

読み方の例

R27/0800N：runway two seven RVR eight hundred meters no change

RVR値は10分間の平均値ですが、その背後で１分間の平均値も算出しています。１分間平均値の極大値あるいは極小値が10分間平均値より50mまたは平均値の20%のいずれか大きいほう以上変動しているとき、１分間の最小値と最大値が示されます。

読み方の例

R27/0300V0800：runway two seven RVR variable between three hundred meters and eight hundred meters

RVR値が測定範囲の上限を超えている場合、「R24 / P2000」のように、P（Plus）に続いて上限値が示されます。

読み方の例

R24 / P2000：runway two four RVR above two thousand meters

RVR値が測定範囲の下限を下回っている場合、「R01 / M0050」のように、M（Minus）に続いて下限値が示されます。

読み方の例

R01 / M0050：runway zero one RVR below five zero meters

＜例３＞で、「R32/1100VP2000U」とありますが、「R32」とはRUNWAY（滑走路）32のことで、約320°の方向を向いている滑走路を意味しています。「1100VP2000U」は、RVR値が1,100mから2,000m以上の間にあり、上昇傾向（Upward）であることを意味しています。

読み方の例

R32/1100VP2000U：runway three two RVR variable between one thousand one hundred meters and above two thousand meters upward

＜例4＞

RJOT	212109Z	VRB02KT	0200
高松	21日2109Z観測	・風向変動幅60°以上、または、風向を特定できない ・02KTの風速	視程200m

R26/0350V0500N	FG	VV001
ランウェイ26の滑走路視距離350mから500mの間 10分間の変化傾向は100m未満	霧	鉛直視程100ft

06/05	Q1020	RMK
気温（℃）/露点（℃）	気圧（hPa）	国内記事

A3013
気圧（inHg）

鉛直視程

「VV001」は、鉛直視程が100ftであることを表しています。天空不明で鉛直視程が観測されたとき、「VV（Vertical Visibility）という文字」＋「１の位を100ftとした３桁の数字」という表記で鉛直視程が示されます。

読み方の例

VV001：vertical visibility one hundred feet

VV000：vertical visibility below one hundred feet

自動観測の場合、鉛直視程は報じられません。

＜例5＞

RJSN	300300Z	02007KT	CAVOK
新潟	30日0300Z観測	020度の方向から 07KTの風	CAVOKの意味は、下の説明を参照。

17/07	Q1026
気温（℃）/露点（℃）	気圧（hPa）

CAVOK

次の条件をすべて満たすとき、卓越視程、RVR、現在天気、雲、鉛直視程の代わりに、CAVOK《キャブオーケー》と示されます。CAVOKは、Ceiling And Visibility OKを簡略にした語です。

- ・視程：卓越視程10km以上かつ最低視程が通報されない状態
- ・雲：5,000ftまたは最大の最低扇形別高度のどちらか高い値未満に雲がなく、かつ積乱雲（CB）、塔状積雲（TCU）がない。
- ・現在天気：天気略語表に該当する現象がない

なお、自動観測ではCAVOKは使用されません。

最低扇形別高度

IFR（p.179計器飛行方式）で飛行する到着機が進入・着陸するための経路、高度、飛行区域などが定められた「計器進入方式」が設定されている空港には、アプローチチャートというものがあります。アプローチチャートは航空路誌（AIP）に収録されていて、「AIS　JAPAN　https://aisjapan.mlit.go.jp/」からも入手できます。

アプローチチャートには最低扇形別高度が示されています。最低扇形別高度とは、利用する無線標識から半径25マイルの範囲を通常4つの扇形に分けて、それぞれの扇形区域の周辺5マイルの緩衝を含めた区域内にある障害物に対し、少なくとも1,000ftの間隔をとった高度です。

図3-1-2で最低扇形別高度は丸印のところに記載されていて、7,200（ft）、3,200（ft）、2,500（ft）が最低扇形別高度の値です。

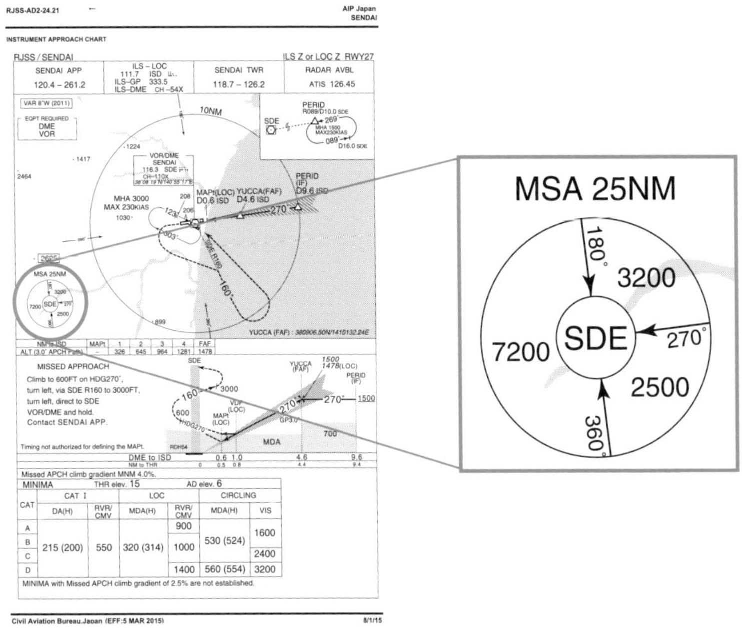

図3-1-2　最低扇形別高度

その他、METARでは次のようなときに、NSCやWSと表記されます。

NSC（Nil Significant Cloud）

有人観測で、【5,000ftまたは最大の最低扇形別高度のどちらか高い値未満に雲がなく、かつ積乱雲・塔状積雲がない状態】で、かつCAVOKの状態ではないとき、「NSC」が示されます。NSCは、Nil Significant Cloudを省略したもので、Nilには「無」という意味が、sigcificantには「重要な、重大な」という意味があります。

自動観測の場合、CAVOKは報じられませんが、雲の状態が上の【　】を満たすとき「NSC」と報じられます。雲が検知されないときは、NCD（No Cloud Detected）と示されます。

WS（Wind Sheer）

滑走路面から1,600ftまでの離陸経路又は着陸進入経路に運航上重要なウィンドシアーがあるという情報が入手され、局地状況がこれを裏づけるような場合、観測時刻前30分以内に観測されたものについて、「WS 使用滑走路番号またはALL RWY」のように報じられます。QNHのすぐ後ろに表記されます。

読み方の例

WS R27：wind sheer runway two seven

WS ALL RWY：wind sheer all runways

3-2　自動観測によるMETAR

2017年（平成29年）３月から、自動観測によるMETARの通報が開始されました。それまで有人観測結果を使用していた視程、大気現象、雲量についても、器械だけによる自動観測が行われています。器械だけによる観測のため、的確で客観的なデータを取得できますが、空港周辺の現象を観測することはできません。

2023年（令和５年）３月時点で自動観測が行われているのは、次の20空港になります。

・一部時間帯導入空港

成田国際空港、中部国際空港、大阪国際空港、関西国際空港、高知空港、福岡空港、宮崎空港、奄美空港、那覇空港、新石垣空港

・終日導入空港

壱岐空港、喜界空港、徳之島空港、与論空港、北大東空港、南大東空港、宮古空港、下地島空港、多良間空港、与那国空港

ただし、24時間運用されている関西国際空港では、自動観測実施時間帯に固形降水（雪、みぞれ、あられなど）が予想される場合、自動観測ではなく有人観測による通報が行われます。固形降水があると出発機には防除氷液が散布され、飛行機の翼上面などに雪などがない状態を維持して離陸することになります。このとき、固形降水の種類などに応じて、散布された防除氷液の有効時間（HOT：Hold Over Time）が設定されます。いろいろなケースがありますが、例えば、FZRA（Freezing Rain）では１時間20分のように設定されます。FZRAは自動観測では報じられません。このように、自動観測では通報されない現象について有人観測により報じられることで、現状に対応した防除氷液の有効時間を適用させることができます。

また、福岡空港では22時～翌日７時は運用が制限されています。しかし、大

幅な利用時間の延長が発生して23時以降に離陸機があり、固形降水が予想される場合は、必要とされる時間に有人観測による通報が行われます。

はじめに、有人観測と自動観測のMETARを比較しながら、自動観測についての理解を深めていきたいと思います。

〈例１〉

有人観測の場合

RJBB 021830Z 06016G32KT 1200 R06R/0800D R06L/1100D +TSRA BR FEW005 SCT008 BKN010CB② 15/14 Q1001 NOSIG RMK 1ST005 4ST008 7CB010③ A2956 0600N-NW④ FBL TS⑤ OHD MOV E P/FR RI++⑥=

自動観測の場合

RJBB 021830Z AUTO① 06016G32KT 1200 R06R/0800D R06L/1100D +TSRA BR FEW005 SCT008 BKN010 //////CB② 15/14 Q1001 NOSIG RMK ＿③ A2956 ＿④ RI035⑥ TS⑤ OHD MOV E P/FR=

①　識別語「AUTO」が付加されます。

②　CB（積乱雲）は、最大３群までの他の雲層の後に「//////CB」と報じられます。「//////」で、前半３つの「///」は雲量に、後半３つの「///」は雲底の高さに該当します。TCU（塔状積雲）の場合も同様に「//////TCU」と報じられます。

③　RMK（国内記事）では、雲が省略されます。

④　方向視程は報じられません。

⑤　RMK（国内記事）で、TSの強度（FBL（Feebleの略語）；弱い、MOD（Moderateの略語）；並の、HVY（Heavyの略語）；強い）は付加されません。

⑥　RI035は、Rainfall Intensity（降雨強度）35mm/hを意味します。３mm/h以上の降雨が観測されたとき、RIの後に３桁の数字をつけてRI○○○のように報じられます。

読み方の例

0600N-NW：visibility six hundred meters north through north west

500E：visibility five hundred meters to east

FBL TS OHD MOV E：light thunderstorm overhead moving east

//////CB：cloud amount and height unknown cumulonimbus

RI035：rainfall intensity three five millimeters per hour

〈例 2〉

〈例 1〉の自動観測で、TSとCBの情報が通報できないとき

RJBB 021830Z AUTO 06016G32KT 1200 R06R/0800D R06L/1100D +RA① BR FEW005 SCT008 BKN010 __② 15/14 Q1001 NOSIG RMK A2956 RI035 TSCBNO③ P/FR=

① TSの情報がないため、＋RAのみ通報されています。

② CBの情報がないため、//////CBは通報されません。

③ 雷監視システム（LIDEN：LIghtning DEtection Network system）の障害等により現在天気でTS、雲でCB、TCUが通報できないとき、TSCBNOと報じられます。TSのみ通報できないときは、TSNOと報じられます。

・TS（雷電）、CB（積乱雲）、TCU（塔上積雲）は、雷監視システム（LIDEN）と気象レーダーのデータを使用して、5 分間隔で検出されます。

読み方の例

TSCBNO：thunderstorm and significant convective clouds information not available

TSNO：thunderstorm information not available

〈例 3〉

有人観測の場合

RJBB 061900Z 10006KT CAVOK① 21/17 Q1012 NOSIG RMK A2988=

自動観測の場合

RJBB 061900Z 10006KT AUTO 9999 NSC① 21/17 Q1012 NOSIG RMK A2988=

① 自動観測ではCAVOKは使われず、視程は9999、雲はNSC（Nil Significant Cloud）と報じられます。雲が検知されない場合は、NCD（No Cloud Detected）と報じられます。

次に、自動観測によるMETARの特色をまとめて確認します。

自動観測によるMETARの特色

視程	・滑走路付近に設置したRVR観測装置（または視程計）で測定されたMORの１分間平均値が報じられます。MORはMeteorological Optical Rangeのことで、日本語では気象光学距離といい、15秒間隔で算出しています。 ・方向視程は観測できません。 ・観測値が目視観測の卓越視程よりやや小さい値になる傾向があります。この傾向は、強い雨が断続的に繰り返されるとき顕著になります。例えば、RVR観測装置（または視程計）の設置場所だけに霧がある場合や、逆にその設置場所だけに霧がない場合には、目視観測による卓越視程と観測値が大きく異なることがあります。
現在天気	・RVR観測装置（または視程計）、温度計、湿度計、雨量計のデータを使用し、RA（雨）、SN（雪）、RASN/SNRA（みぞれ）、FG（霧）、BR（もや）、HZ（煙霧）を判別します。 ・TS（thunderstorm；雷電）の強度の観測・通報は行われません。 ・温度計や湿度計の障害などにより降水の種類を判別できない場合は、UP（Unidentified Precipitation；不明な降水）と報じられます。 ・SH（しゅう雨性）、VC（周辺現象）は観測できません。 ・PRFG（部分霧）、BCFG（散在霧）は観測できません。霧がRVR観測装置（または視程計）設置場所だけにあってもFG（霧）と報じられます。 ・SQ（スコール）は、風向風速計のデータから判別します。 ・現在の技術では、GS（雪あられ／氷あられ）、GR（ひょう）、FZ（着氷性）の判断はできません。
雲	・「過去30分間のシーロメーター（ceilometer；雲高測定器）の観測値」と「風向風速計の値」をもとに算出しています。シーロメーター上空を通過しない雲は観測できません。 ・重要な対流雲（CB、TCU）は雲量不明、雲底高度不明として別に報じられます（//////CB、//////TCU）。これ以外の雲形は報じられません。 ・CAVOKは使用されません。雲の状態がCAVOKに該当する場合は、NSC（Nil Significant Cloud）と報じられます。 ・SKCは使用されません。通報される雲がない場合は、NCD（No Cloud Detected）と報じられます。 ・鉛直視程は示されません。

RMK	・雲の群は示されません。 ・TS（雷電）の存在位置、移動方向が報じられます。（強度は示されません。） ・VIRGA（下層雲に伴う尾流雲） LIGHTNING（近い電光） FC（ろうと雲） TDO、WTSPT（陸上の竜巻、水上の竜巻） FG BANK（Fog Bank；霧の塊） SEV SQL（Severe Squall；激しいスコールライン） DS、SS（Dust Storm、Sand Storm；砂じん嵐） FU LYR（Fume Layer；浮遊する濃い煙の層） は、示されません。 ・PIREP《パイレップ》（航空機から報告された現象）があれば報じられます。 ・気圧の上昇（P/RR）、気圧の降下（P/FR）があれば報じられます。 ・降雨強度が3mm/h以上のとき、RI○○○（3桁の数字）と報じられます。

欠測時の通報

完全自動観測では、新たに視程、現在天気、雲量が器械のみにより観測されるようになりましたが、ここでは以前から器械で観測されていた風、RVR、気温、露点温度、QNHも含めて、欠測時の通報型式を確認します。

欠測時の通報

	通報形式の例	読み方の例
風	/////KT	wind not available
視程	////	visibility not available
RVR	R35///// R25/0800　M///// E///// （センサーが3か所の場合）	runway three five RVR not available runway two five RVR touchdown eight hundred midpoint not available stopend not available
現在天気	UP （降水の種別が識別できない場合）	unidentified precipitation
雲	//////、////////	cloud not available
気温・露点温度	/////	temperature and dew-point not available
QNH	Q////	QNH not available
RMK	TSCBNO TSNO	thunderstorm and significant convective clouds information not available thunderstorm information not available

3-3　SPECI（特別飛行場実況気象）

METARは１時間あるいは30分に一度通報されますが、一度通報されたMETARが次に通報されるまでの間に、天気が大きく変わることがあります。SPECI《スペシャル》は、天候変化が大きく気象現象の推移が一定値を超えたときに報じられ、通報形式はMETARと同じです。SPECIという５文字は、SPECIAL（特別の通報）を簡略にした語です。SPECIもMETARと同様に、有人観測と自動観測があります。自動観測では一時的な悪化や回復まで通報すると頻度が高くなってしまうので、例えば視程と雲高の変化は、悪化時は２分間、回復時は５分間の現象継続が通報の条件となっています。

3-4　TAF（運航用飛行場予報）

TAF《タフ》は37の空港で、１日４回、0000、0600、1200、1800UTCよりも若干前に発表されます。有効期間は0000、0600、1200、1800UTCのそれぞれから30時間です。TAFは、空港を中心に半径９kmの円の範囲内で、風、視程、天気現象、雲の状況について予報されます。なお、TAFが報じられる38の空港は、次のとおりです。

新千歳、函館、釧路、帯広、旭川、女満別、仙台、青森、秋田、花巻、福島、成田国際、東京国際、新潟、富山、静岡、小松、百里、中部国際、大阪国際、関西国際、出雲、岡山、広島、高松、松山、高知、美保、福岡、北九州、佐賀、長崎、熊本、大分、宮崎、鹿児島、那覇、新石垣

諸説ありますが、TAFという３文字は、Terminal Aerodrome Forecastを簡略した語です。

＜例１＞

	①	②			
RJOT	311106Z	3112/0118	15006KT	9999	FEW030
高松	31日 1106Z発表	31日1200から1日1800までの予報	150度の方向から06KTの風	視程 10km以上	雲量1/8～2/8 雲の高さ 3,000FT

①予報発表日時

311106Zは予報が発表された日時です。

②有効期間

3112/0118 は、31日1200（Z）～1日1800（Z）まで有効であることを示しています。

<例2>

ROAH	311113Z	3112/0118	03005KT
那覇	31日1113Z発表	31日1200（Z）～1日1800（Z）までの予報	030度の方向から05KTの風

9999	FEW008	BKN010
視程10km以上	雲量1/8～2/8 雲の高さ 800FT	雲量5/8～7/8 雲の高さ 1,000FT

①

BECMG 3116/3118 16005KT
31日1600（Z）から31日1800（Z）にかけて、160度方向から05KTの風に変化する。

②

TEMPO 3118/3121 4000 BR FEW006 BKN008
31日1800（Z）から31日2100（Z）の間に、視程4000m、もや、FEW006の雲、BKN008の雲へ、一時的に変化する。

TEMPO 3121/0103 4000 SHRA FEW006 BKN008 FEW020CB
31日2100（Z）から1日0300（Z）の間に、視程4000m、しゅう雨、FEW006の雲、BKN008の雲、FEW020の積乱雲へ、一時的に変化する。

①BECMG

BECMG《ビカミング》は、BECOMINGを省略したものです。変化の始まる時刻から変化の終わる時刻にかけて気象状態の変化があり、変化の終わる時刻以降は変化後の気象状態が続くときに用いられます。変化の始まる時刻から変化の終わる時刻は、1

～4時間です。

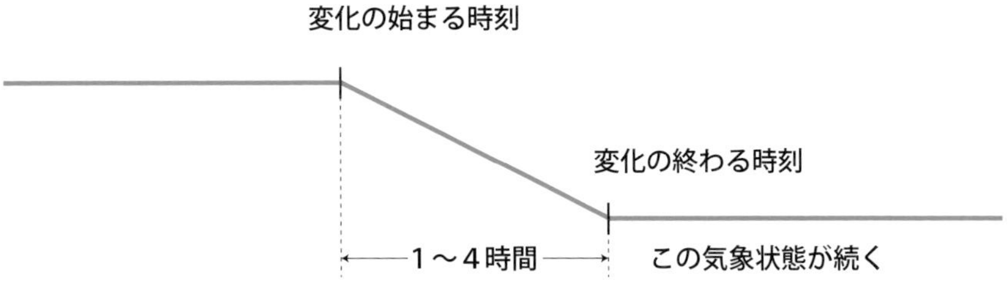

図3-4-1　BECMG

②TEMPO

TEMPO《テンポ》は、TEMPORARYを省略したものです。予報時間内に気象状態の変化が一時的にあるときに用いられます。気象状態の変化は1時間以内です。また、気象状態変化後の合計時間は、予報期間の1/2未満になります。

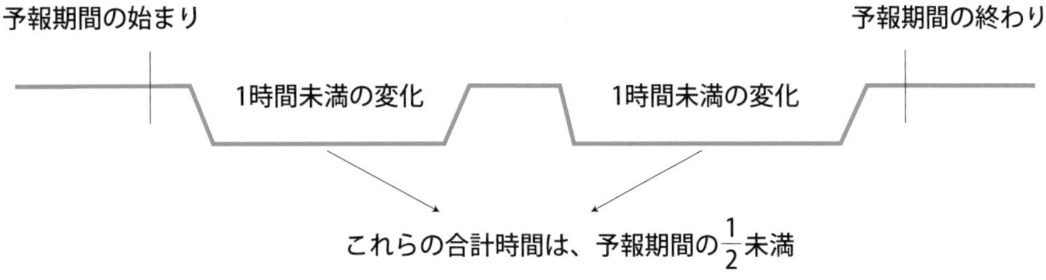

図3-4-2　TEMPO

NSW

NSWはNil Significant Weatherの頭文字をとったもので、重要な天気現象の終息が予報されるときに用いられます。

例：BECMG 1121/1122 19040G50KT 4000 SHRA

BECMG 1200/1202 31015KT 9999 NSW

このNSWは、その上の行にあるSHRA（しゅう雨）が終息することを予報しています。

3-5　AMD（修正報）・COR（訂正報）

一度通報されたMETAR、SPECI、TAFに修正や訂正があったときに通報されます。AMD《アメンド》は、AMENDを省略したもので、一度発出されたTAFに不十分なところがあったとき、適切な内容のものが報じられます。AMDが通報されるとき、TAFの識別符に続いて、AMDが付加されます。

COR《コレクト》は、CORRECTを省略したもので、一度発出されたMETAR、SPECI、TAFに間違いがあったとき、正しい内容のものが報じられます。CORが通報されるとき、METAR、SPECI、TAFの識別符に続いて、CORが付加されます。

3-6　TREND（着陸用飛行場予報）

TAFは１日に４回発表されますが、東京国際空港（羽田）、成田国際空港、中部国際空港、関西国際空港、福岡空港に限って、METARに付加する形式で30分ごとに１日48回、予報が出されています。この予報をTREND（着陸用飛行場予報）といいます。有効期間は、発表から２時間です。通報される型式はTAFと似ていますが、若干違いがあります。例えば、変化がTRENDの予報期間の途中で始まり、途中で終わるとき、「TEMPO FM0030 TL0130……」のように報じられます。FMはFROM（〜から）を省略したもので、TLはTILL（〜まで）を省略したものです。また、変化が予報期間内のある特定の時刻に発生する場合は、「BECMG　AT 0100……」のように発生予想時刻が示されます。

いずれも重要な変化がなく、変化を報ずる必要がないと予想された場合、NOSIG《ノーシグ》と報じられます。NOSIGは、No Significant Changeを簡略にした語です。

次に示すのは、東京国際空港（羽田）のある日のMETARとTRENDです。

```
RJTT 152330Z 01014KT 7000 -SHRA FEW008 SCT012 BKN025 16/15 Q1020
TEMPO 4000 -SHRA BR FEW006 BKN009
```

後半のTEMPO 4000 -SHRA BR FEW006 BKN009がTRENDになります。

3-7　ATIS（Automatic Terminal Information Service）

ATIS《エイティス/アティス》とは気象情報、空港の状態、航空保安施設の運用状況等を、特定の周波数で繰り返し放送するサービスです。通常、METARと同様に１時間ごとあるいは30分ごとに更新されますが、重要な変更があった場合はその都度変更されます。ATISは、更新されるごとにアルファベットのAからZの名前が順番に付けられています。Zまで来たら、Aに戻ります。報じられる内容は、IFR機の進入方式、着陸滑走路番号と出発滑走路番号、滑走路の状態、RWYCC（滑走路状態コード）とパイロットブレーキングアクション通報、管制上必要な事項、運航に関する重要な情報、気象に関する情報などです。ここで、IFR機とはIFRで飛行する航空機のことですが、IFRについてはp.179を参照してください。RWYCC（滑走路状態コード：Runway Condition Code）とは、滑走路を覆う雪氷等の種類や深さ、外気温、パイロットブレーキングアクション通報等により、０～６の７段階で滑走路の状態を示したものです。ブレーキングアクションとはブレーキの効き具合のことで、雪、氷、水たまりなどが滑走路上にあるとブレーキの効果は小さくなります。RWYCCとパイロットブレーキングアクションの関係は次のとおりです。

RWYCCとパイロットブレーキングアクションの関係

RWYCC	パイロットブレーキングアクション
6	非適用
5	GOOD
4	GOOD TO MEDIUM
3	MEDIUM
2	MEDIUM TO POOR
1	POOR
0	LESS THAN POOR

では、東京国際空港（羽田）のある日のATISを見てみましょう。

Tokyo International Airport Information Lima,2330,ILS Z Runway 34 Left Approach and ILS Z Runway 34 Right Approach, Landing Runway 34 Left and 34 Right, Departure Runway 05 and 34 Right. Departure Frequency 126.0 from Runway 05, 120.8 from Runway 34 Right. Simultaneous Paralell

ILS Approaches to Runway 34 Left and Runway 34 Right are in progress. Wind 020 degrees 4 knot,Visivility 20 kilometers, FEW4,000 Stratocumulus, Temprature 20, Dew point 13, QNH 3005 inches, Advise you have Information Lima.

日本語にすると次のようになります。

東京国際空港、インフォメーション　リマ、23時30分（UTC）、計器進入方式はILS Z Runway 34 Left ApproachとILS Z Runway 34 Right Approach、着陸滑走路は34 Leftと34 Right、離陸滑走路は、05と34 Right、東京Departureの周波数は、Runway05からは126.0、Runway34Rightからは120.8、Runway 34 LeftとRunway 34 Rightへの同時平行ILS進入が行われています。風は20°から4ノット、視程は20キロメートル、FEW4,000フィートの層積雲、気温20℃、露点13℃、QNH3005インチ、これはインフォメーション　リマです。

QNHについては、p.191を参照してください。

ところで、すべての空港でATISが放送されているわけではありません。日本でATIS業務を行っている空港・飛行場は次の表のとおりです。

ATIS業務を行っている空港・飛行場

空港・飛行場	周波数（MHz）	空港・飛行場	周波数（MHz）
新千歳	128.6	小月	245.8
函館	126.6	徳島	246.8
三沢	128.4/315.35	高松	127.45
八戸	245.8	松山	126.65
仙台	126.45	高知	126.45
新潟	128.45	福岡	127.2
成田国際	128.25	大分	127.8
東京国際	128.8	長崎	126.85
横田	128.4/281.0	熊本	128.8
厚木	246.8	宮崎	126.8
中部国際	127.075	鹿児島	127.05
大阪国際	128.6	鹿屋《かのや》	246.8
神戸	128.075	嘉手納《かでな》	124.2/280.5
関西国際	127.85	普天間《ふてんま》	230.3
広島	127.25	那覇	127.8/293.0
岩国	128.4/283.0	新石垣	128.675

3-8　飛行場警報

強風、暴風、台風、大雨、大雪、高潮に対する飛行場警報というものがあり、飛行場予報を担当する航空気象官署が警報を発表します。有効期間はその現象が継続する間ですが、最大６時間です。発表の基準は次のようになっています。

飛行場強風警報

10分間で平均34kt以上48kt未満の風速が予想されるとき。

飛行場暴風警報

10分間で平均48kt以上の風速が予想されるとき（熱帯低気圧により10分間で平均64kt以上の風速が予想されるときを除く）。

飛行場台風警報

熱帯低気圧により10分間で平均64kt以上の風速が予想されるとき。

飛行場大雨警報

大雨によって重大な災害が起こると予想されるとき。

飛行場大雪警報

大雪によって重大な災害が起こると予想されるとき。

飛行場高潮警報

雨によって重大な災害が起こると予想されるとき。

なお、大雨、大雪、高潮警報の具体的な基準は、空港の地理的条件や管理上の条件などを考慮して空港ごとに定められています。

3-9　飛行場気象情報

飛行場警報と同じく、飛行場予報を担当する航空気象官署が台風、ウィンドシア、大雪、雷に関する飛行場気象情報を発表します。空港によって若干の差がありますが、発表と有効期間の基準は次のとおりです。

台風に関しては、台風の影響により24時間以内に、雨・風・高潮のいずれかの現象が、飛行場警報の基準に達すると予想される場合に発表されます。有効期間は現象継続期間ですが、最大12時間です。

ウィンドシアに関しては、空港から概ね９km以内において、高度1,600ft（約

490m）以下でウィンドシアが予想される場合、または高度3,000ft（約910m）以下でウィンドシアが観測された場合に発表されます。有効期間は現象継続期間ですが、最大6時間です。

大雪に関しては、大雪によって被害を及ぼすおそれがある場合に発表されます。発表の目安は、各空港の除雪体制などに応じて定められています。有効期間は現象継続期間ですが、最大12時間です。

雷に関しては、空港から概ね20km以内で、雷の発生が予想される場合、または雷が観測された場合に発表されます。有効期間は現象継続期間ですが、最大6時間です。

練習問題

Q1. METARで「雲底の高さ」の意味として正しいものはどれか。

（1）地表面から雲底までの距離
（2）平均海面から雲底までの距離
（3）地表面からBKN以上の雲層の雲底までの距離
（4）平均海面からBKN以上の雲層の雲底までの距離

Q2.「シーリング」の意味で正しいものはどれか。

（1）平均海面高度から最も下方の雲層の雲底高度までの距離
（2）平均海面高度からBKN以上の最も下方の雲層の雲底高度までの距離
（3）地表面から最も下方の雲層の雲底高度までの距離
（4）地表面からBKN以上の最も下方の雲層の雲底高度までの距離

Q3. METAR及びATIS情報で通報される風向について正しいものはどれか。

（1）METARでは磁方位、ATISでは真方位
（2）METARでは磁方位、ATISでも磁方位
（3）METARでは真方位、ATISでも真方位
（4）METARでは真方位、ATISでは磁方位

Q4. 有人観測のMETARで通報される視程で正しいものはどれか。

（1）最大視程
（2）平均視程
（3）卓越視程
（4）飛行視程

Q5. METARで「もや」を示す記号で正しいものはどれか。

（1）FU
（2）HZ
（3）BR
（4）FG

練習問題

Q6．「飛行場にはないが、飛行場周辺に観測される」ときのMETAR記号として正しいものはどれか。

（1）DR
（2）PR
（3）VC
（4）BC

Q7．850hPa高層天気図に対応する高度として正しいものはどれか。

（1）約30,000ft
（2）約18,000ft
（3）約10,000ft
（4）約5,000ft

Q8．METARで通報される卓越視程で正しいものはどれか。

（1）地平円の全方位を八等分し、その中の最大水平視程である。
（2）地平円の全方位を八等分し、各方位の水平視程を平均したものである。
（3）地平円の全方位を八等分し、その中の最小水平視程である。
（4）地平円の半分もしくはそれ以上の範囲に共通した最大水平視程である。

Q9．850hPa天気図の説明として誤りはどれか。

（1）この高さの湿った暖気移流は雨の予報に利用される。
（2）対流圏の中間層にあたり、大気の流れを知るために最適である。
（3）前線系の解析に最適である。
（4）山岳地帯を除けば気象要素は下層大気の代表的な値を示す。

Q10．もや（mist）について誤りはどれか。

（1）視程障害現象の一つで、視程1,000m以上5,000m以下の場合をいう。
（2）気象通報式ではBRで報じられる。
（3）肉眼では見えないごく小さな乾いた粒子が大気中に浮遊している現象である。
（4）ごく小さな水滴または湿った吸湿性の粒子が大気中に浮遊している現象である。

解答

Q1．METARで「雲底の高さ」の意味として正しいものはどれか。

A1.（1）
雲底の高さとは、平均海面からではなく、地表面から雲底までの距離。

Q2．「シーリング」の意味で正しいものはどれか。

A2.（4）
シーリングとは、平均海面高度からではなく、地表面からBKN以上の最も下方の雲層の雲底高度までの距離。

Q3．METAR及びATIS情報で通報される風向について正しいものはどれか。

A3.（4）
METARでは真方向、ATISでは磁方位で通報される。

Q4．有人観測のMETARで通報される視程で正しいものはどれか。

A4.（3）
有人観測のMETARで通報される視程は、卓越視程。飛行視程とは、飛行中の航空機から視認できる前方距離のこと。

Q5．METARで「もや」を示す記号で正しいものはどれか。

A5.（3）
（1）FU：煙　（2）HZ：煙霧　（4）FG：霧

解答

Q6.「飛行場にはないが、飛行場周辺に観測される」ときのMETAR記号として正しいものはどれか。

A6.（3） VC：vicinity（周辺）
（1）DR：low drifting（低い）
（2）PR：partial（部分）
（4）BC：patches（散在）

Q7. 850hPa高層天気図に対応する高度として正しいものはどれか。

A7.（4）
約30,000ft：300hPa面
約18,000ft：500hPa面
約10,000ft：700hPa面
約5,000ft ：850hPa面

Q8. METARで通報される卓越視程で正しいものはどれか。

A8.（4）
卓越視程とは、地平円の半分もしくはそれ以上の範囲に共通した最大水平視程。

Q9. 850hPa天気図の説明として誤りはどれか。

A9.（2）
850hPa面は、対流圏の下層にあたる。

Q10. もや（mist）について誤りはどれか。

A10.（3）
もやは、小さな水滴または湿った吸湿性の粒子が大気中に浮遊している現象。

練習問題

Q11. 地上天気図に使用される海上警報「GW」で正しいものはどれか。

（1）濃霧警報
（2）強風警報
（3）暴風警報
（4）台風警報

Q12. 運航用飛行場予報（TAF）の有効時間について、正しいものはどれか。

（1）20時間
（2）24時間
（3）30時間
（4）36時間

Q13. TAFで使用される変化指示符BECMGの説明で、正しいものはどれか。

（1）変化した時間が1時間未満で、再び変化前の気象状態に戻る場合に使用される。
（2）重要な天気現象が終息すると予想される場合に使用される。
（3）変化の始まる時刻から終わる時刻内に規則的に、またはこの期間内のある時刻に不規則に変化し、その後は変化後の状態が続く場合に使われる。
（4）気象状態の一時的変化が頻繁に、またはときどき発生する場合に使用される。

Q14. 次のMETARの解読で誤りはどれか。

RJFT 090111Z 02016KT 3200 SHRA BR FEW001 SCT010 BKN020 09/08 Q1007
RMK 2 ST001 3 CU010 7 CU020 A2974

（1）風向風速は、真方位020度から16ktである。
（2）卓越視程は、3,200ftである。
（3）気温は9℃である。
（4）高度計規正値は、29.74inHgである。

Q15. 標高500ftにある空港のMETARで、「BKN020」のとき正しいものはどれか。

（1）全天の5/8～8/8を覆う雲層の雲底高度が、平均海面から2,000ftである。
（2）全天の5/8～8/8を覆う雲層の雲底高度が、空港の標高から2,000ftである。
（3）全天の5/8～7/8を覆う雲層の雲底高度が、平均海面から2,000ftである。
（4）全天の5/8～7/8を覆う雲層の雲底高度が、空港の標高から2,000ftである。

練習問題

Q16. METARにおいて、「霧雨」を表す記号として正しいものはどれか。

（1）BR
（2）HZ
（3）DZ
（4）FG

Q17. TAFで使用される変化指示符TEMPOの説明で、誤りはどれか。

（1）気象状態の一時的変動が頻繁に、または時々発生するときに使用される。
（2）一時的に変動した個々の気象状態は、1時間以上続かない。
（3）一時的に変動した個々の気象状態の合計時間は、予報期間の1/2未満である。
（4）重要な天気現象が終息すると予想される場合に使用される。

Q18. 熱帯低気圧の分類において、最大風速の強さの関係で正しいものはどれか。

（1）TS < T < TD < STS
（2）T < STS < TS < TD
（3）STS < TD < T < TS
（4）TD< TS < STS < T

Q19. TAFの説明（a）～（d）のうち、正しいものはいくつあるか。

ROAH 270506Z 2706/2812 18020KT 9999 FEW025 BKN040
TEMPO 2706/2710 15020G30KT
TEMPO 2715/2718 4000 SHRA
BECMG 2718/2721 31010KT

（a）日本時間27日午後3時の予想気象状態はIMCである。
（b）日本時間27日午後6時には一時的に最大30ノットの風が予報されている。
（c）日本時間28日午前6時は一時的に強いしゅう雨が予報されている。
（d）日本時間28日午前9時の卓越視程は10キロメートル以上で、VMCである。

（1）1つ　（2）2つ　（3）3つ　（4）4つ　（5）なし

解答

Q11. 地上天気図に使用される海上警報「GW」で正しいものはどれか。

A11.（2）[GW]　GALE WARNING
（1）濃霧警報：FOG［W］　FOG WARNING
（3）暴風警報：[SW] STORM WARNING
（4）台風警報：[TW] TYPHOON WARNING

Q12. 運航用飛行場予報（TAF）の有効時間について、正しいものはどれか。

A12.（3）
TAFは1日に4回発表され、有効時間は30時間である。

Q13. TAFで使用される変化指示符BECMGの説明で、正しいものはどれか。

A13.（3）
BECMG：変化の始まる時刻から変化の終わる時刻にかけて気象状態の変化があり、変化の終わる時刻以降は変化後の気象状態が続くときに用いられる。

Q14. 次のMETARの解読で誤りはどれか。

A14.（2）
卓越視程の単位はメートルなので、3,200mが正しい。

Q15. 標高500ftにある空港のMETARで、「BKN020」のとき正しいものはどれか。

A15.（4）
BKNの雲量は5/8～7/8で、「020」は空港の標高からの雲底高度である。

解答

Q16. METARにおいて、「霧雨」を表す記号として正しいものはどれか。

A16.（3）
BR：もや、HZ：煙霧、FG：霧

Q17. TAFで使用される変化指示符TEMPOの説明で、誤りはどれか。

A17.（4）
NSW（Nil Significant Weather）：重要な天気現象の終息が予報されるときに用いられる。

Q18. 熱帯低気圧の分類において、最大風速の強さの関係で正しいものはどれか。

A18.（4）
T：Typhoon 最大風速64kt以上
STS：Severe Tropical Storm 最大風速48kt以上64kt未満
TS：Tropical Storm 最大風速 34kt以上48kt未満
TD：Tropical Depression 最大風速 34kt未満

Q19. TAFの説明（a）～（d）のうち、正しいものはいくつあるか。

A19.（2）
TAFはUTC（協定世界時）で発表されているので、9をたして日本時間にすると、次のようになる。
ROAH 271406 2715/2821 18020KT 9999 FEW025 BKN040（27日午後3時～28日午後9時）
TEMPO 2715/2719 15020G30KT（27日午後3時～27日午後7時）
TEMPO 2800/2803 4000 SHRA（28日午前0時～28日午前3時）
BECMG 2803/2806 31010KT（28日午前3時～28日午前6時）
（a）×（VMCである）
（b）○
（c）×（SHRAは、28日午前0時～28日午前3時で、一時的に予想されている）
（d）○

練習問題

Q20. 定時飛行場実況気象通報式（METAR）で通報される雲量の記号とその意味として正しいものはどれか。

記号	意味
（1）FEW（few）	雲量0/8 － 2/8
（2）SCT（scattered）	雲量3/8 － 5/8
（3）BKN（broken）	雲量5/8 － 7/8
（4）OVC（overcast）	雲量7/8 － 8/8

Q21. 500hPa天気図の説明として誤りはどれか。

（1）対流圏の中間層にあたり、大気の流れを知るために最適である。

（2）夏の太平洋高気圧を表す等高度線は5,880mといわれている。

（3）強風軸の概略を知ることができる。

（4）雨域や、中下層の広がりを知ることができる。

Q22. CAVOKの定義で誤りはどれか。（自動観測時を除く）

（1）風：地上風は0.4 kt以下であること。

（2）視程：卓越視程が10km以上かつ最低視程が通報されない状態

（3）雲：1,500m（5,000ft）または最低扇形別高度の最大値のいずれか高い値未満に雲がなく、かつ重要な対流雲がない。なお、重要な対流雲として報ずる雲は積乱雲（CB）、塔状積雲（TCU）である。

（4）現在天気：天気略語表に該当する現象がない。

解答

Q20. 定時飛行場実況気象通報式（METAR）で通報される雲量の記号とその意味として正しいものはどれか。

A20.（3）

FEW（few）：雲量1/8 − 2/8

SCT（scattered）：雲量3/8 − 4/8

OVC（overcast）：雲量8/8

Q21. 500hPa天気図の説明として誤りはどれか。

A21.（4）

雨域や、中下層の広がりを知るには、地上～ 700hPaを表す天気図を用いる。

Q22. CAVOKの定義で誤りはどれか。

A22.（1）

CAVOKの定義に、風は含まれない。

第４章

飛行の現場

4-1　プリブリーフィング（PRE-BRIEFING）

フライトを行う前に、関係者が集まって行う打ち合わせがプリブリーフィングです。プリブリーフィングに参加する人は、機長、副操縦士、キャビンクルー、写真撮影のフライトならカメラマン、操縦訓練なら訓練生など、これから行われるフライト内容により様々です。

出発前の確認

プリブリーフィングで話し合う内容の１つに「出発前の確認」というものがあり、航空法第73条の２で定められています。

航空法　第73条の２

機長は、国土交通省令で定めるところにより、航空機が航行に支障がないことその他運航に必要な準備が整っていることを確認した後でなければ、航空機を出発させてはならない。

さらに、確認すべき具体的な内容が、航空法施行規則第164条の14に示されています。

航空法施行規則　第164条の14

第１項

法第73条の２の規定により機長が確認しなければならない事項は、次に掲げるものとする。

1　当該航空機及びこれに装備すべきものの整備状況

2　離陸重量、着陸重量、重心位置及び重量分布

3　法第九十九条 の規定により国土交通大臣が提供する情報

4　当該航行に必要な気象情報

5　燃料及び滑油の搭載量及びその品質

6　積載物の安全性

第２項

機長は、前項第１号に掲げる事項を確認する場合において、航空日誌その他の整備に関する記録の点検、航空機の外部点検及び発動機の地上試運転その他航空機の作動点検を行わなければならない。

このように、航空法施行規則第164条の14 第１項 第４号で、「当該航行に必要な気象情報」を出発前に確認しなければならないとうたわれています。

4-2　気象情報の確認

4-2-1 天気図の準備

直近に発表された過去の状況を示した天気図と未来を予測した天気図を準備します。必要に応じて様々な天気図を用いることができ、使用する天気図の組み合わせはたくさんありますが、ここでは一例を紹介します。

過去の状況を示した天気図

・地上天気図：ASAS（アジア地上解析図）
　　　　　　　SPAS（速報天気図）

・上層天気図：AUPQ78（アジア700hPa、850hPa解析図）
　　　　　　　AUPQ35（アジア300hPa、500hPa解析図）

・レーダーエコー合成図

・衛星画像（可視画像、赤外画像）

未来を予測した天気図

・FSAS24（アジア地上24時間予想天気図）

・FXFE502（極東500hPa高度・渦度12・24時間予想図、極東地上気圧／風／降水量12・24時間予想図）

・FXFE5782（極東500hPa気温／700hPa湿数12・24時間予想図、極東850hPa気温・風／700hPa上昇流12・24時間予想図）

・FXJP854（日本850hPa相当温位・風12・24・36・48時間予想図）

・FBJP（悪天予想図）

・FXJP106（国内航空路予想断面図）

4-2-2　METAR・TAFの準備

出発空港、目的地空港、代替空港、経路上の空港 について、METARとTAFを準備します。

4-2-3　概況の説明

準備した天気図、画像、METAR、TAFを使って、これまでの状況と今後の推移を説明します。

今後の推移でポイントとなるのは、現状維持か、回復傾向か、悪化傾向か、の３点です。

ここからは、小型機による仙台空港から新潟空港へのVFR（有視界飛行方式、p.179）でのフライトを想定して話を進めていきます。

≪例≫

６月24日11:00に仙台空港を離陸して、福島空港周辺を通過して、新潟空港へのフライトを計画しています。約１時間のフライトで新潟空港の到着予定時刻は12:00です。

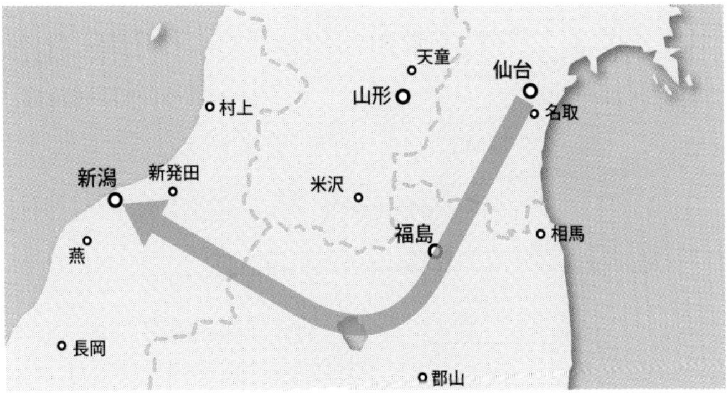

図4-2-1　仙台－新潟

６月24日9:00に飛行前ブリーフィングを開始します。

飛行前ブリーフィングでは、「出発前の確認事項」の６項目について一つひとつ確認しますが、ここでは「当該航行に必要な気象情報」だけを解説していきます。

多くの場合天気は西から東へ推移するので、過去の天気図を見るときは飛行予定エリアの西側に着目します。

日本時間で６月23日21:00 のASAS（アジア地上解析図）を見ると、飛行予定の仙台から新潟とその西側のエリアは、概ね高気圧圏内にあったことが分かります（仮に、東北地方の西側に低気圧があったとすると、天気は下り坂であることが推測できます）。

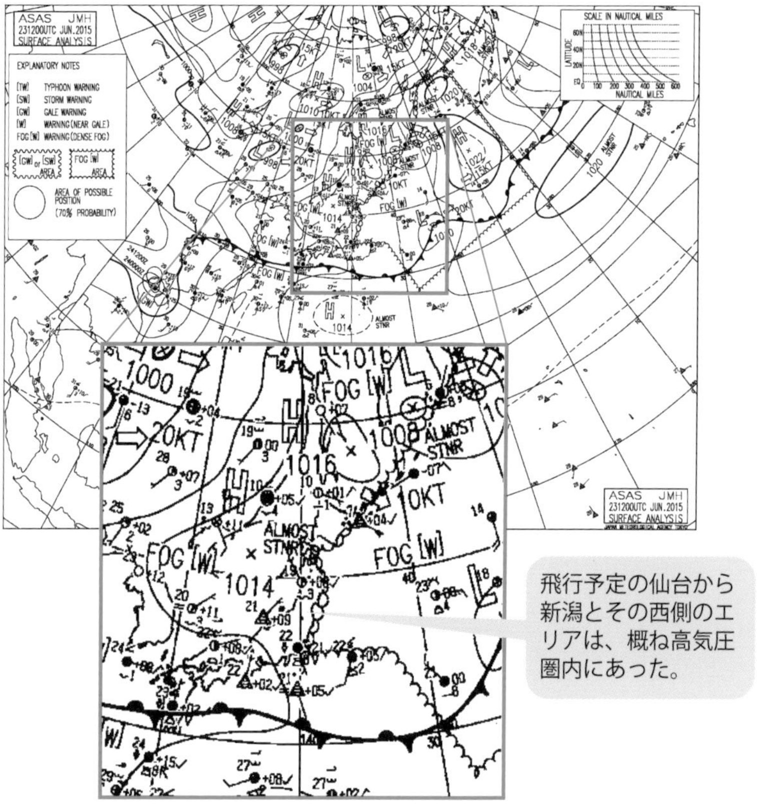

図4-2-2　ASAS　23日2100（日本時間）

同じく日本時間で６月23日21:00のAUPQ78（アジア700hPa、850hPa解析図）において、飛行予定の仙台から新潟とその西側のエリアに、700hPa面・850hPa面とも、悪天の目安となる湿域や等温線の収束帯はありませんでした。

700hPa面で６℃の寒気は近畿地方まで覆い、850hPa面で12℃の寒気のピークは東北地方を抜けていました。

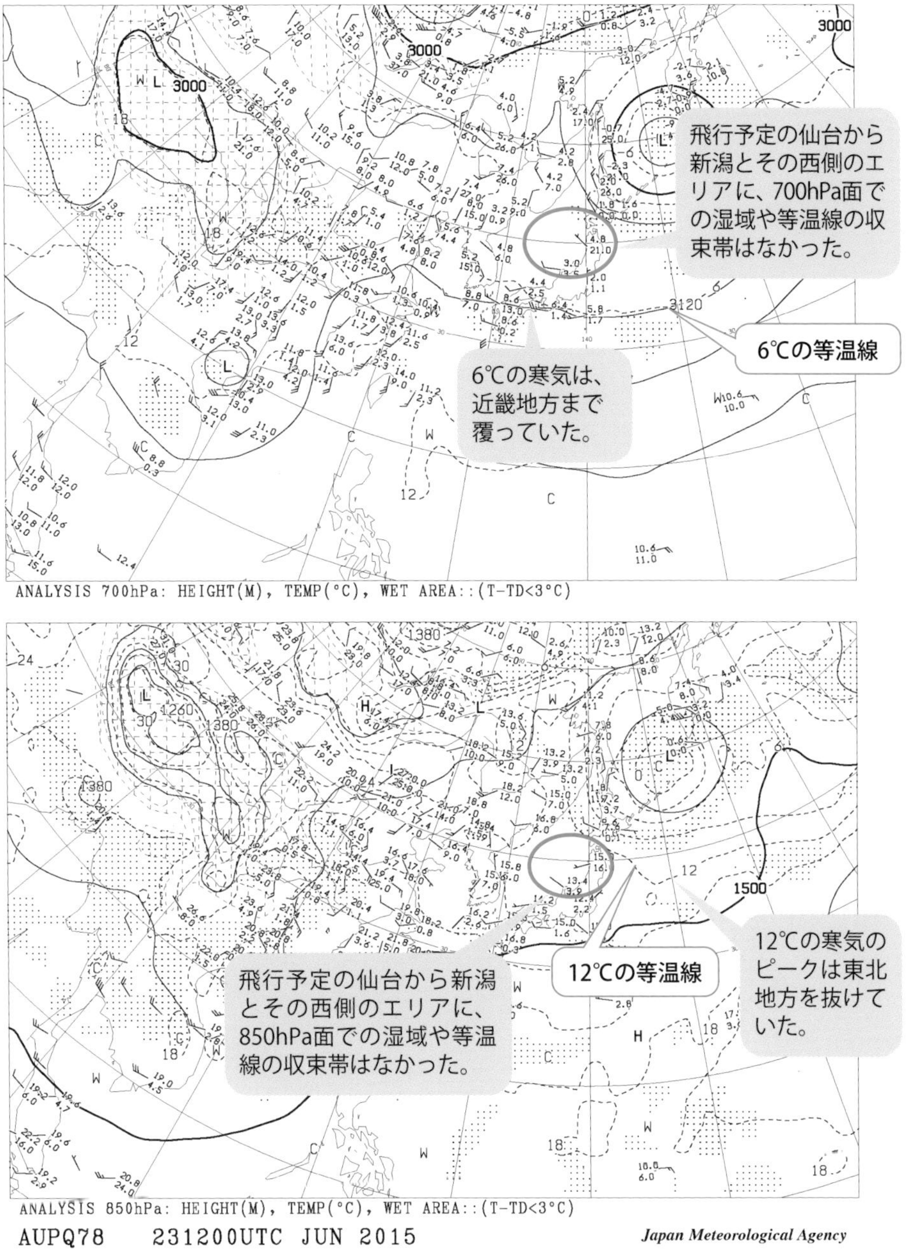

図4-2-3　AUPQ78　23日2100（日本時間）

同じく日本時間で６月23日21:00のAUPQ35（アジア300hPa、500hPa天気図）において、関東地方の北側まで、500hPa面で－12℃の寒気が流入していたことが分かります。

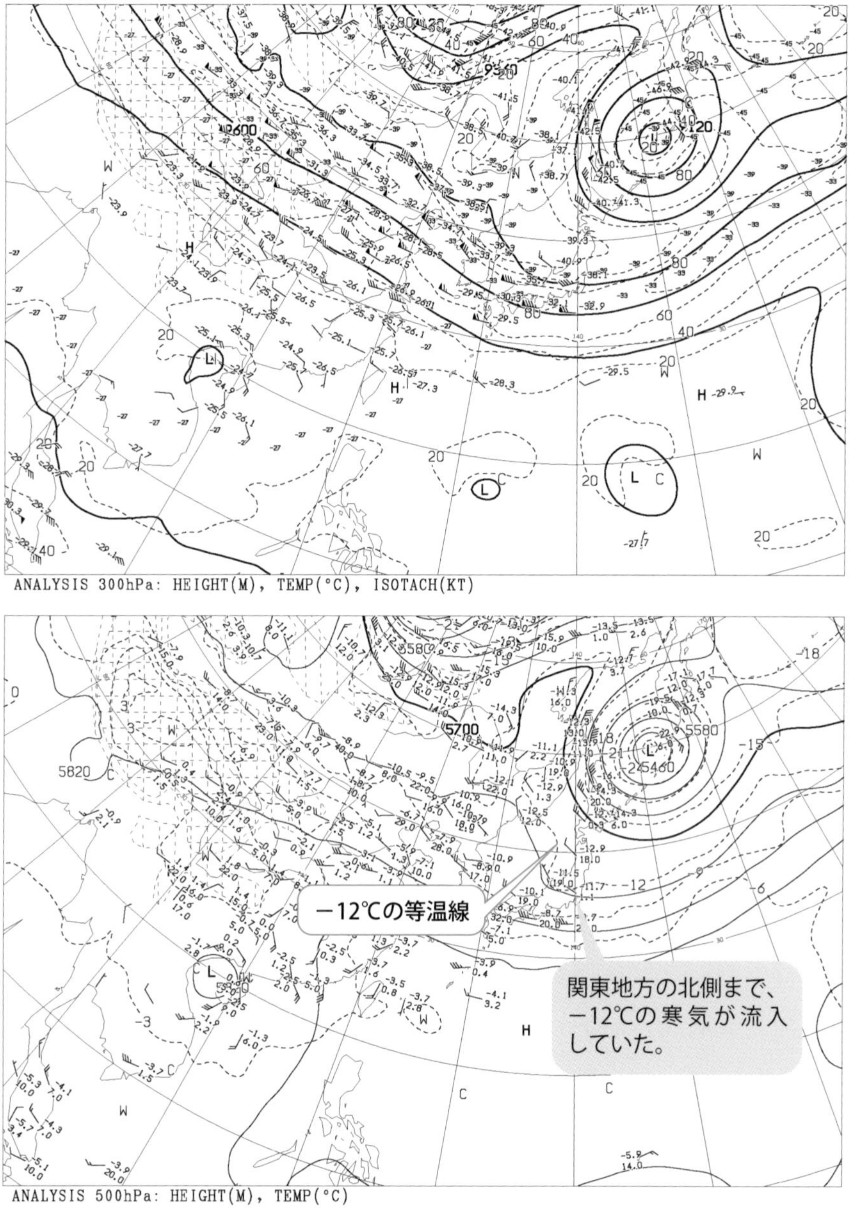

図4-2-4　AUPQ35　23日2100（日本時間）

（参考）

上空の寒気の影響で、6月23日仙台空港では日中、雷電と積乱雲が観測されました。

RJSS 230500Z 12007KT 9999 TS FEW008 SCT030 FEW030CB BKN120 21/19 Q1012

このように、過去の天気図を見る際、同じ時刻のものを比較することが重要です。

次に、ブリーフィング時点での最新のASAS（アジア地上解析図）は日本時間で03:00のものとなります。03:00より新しいデータである06:00のSPAS（速報天気図）も用意します。

SPASによると仙台－新潟付近は、昨夜から引き続き概ね高気圧圏内です。また、東北地方南部において等圧線の間隔は広いため、風は弱いと考えられます。

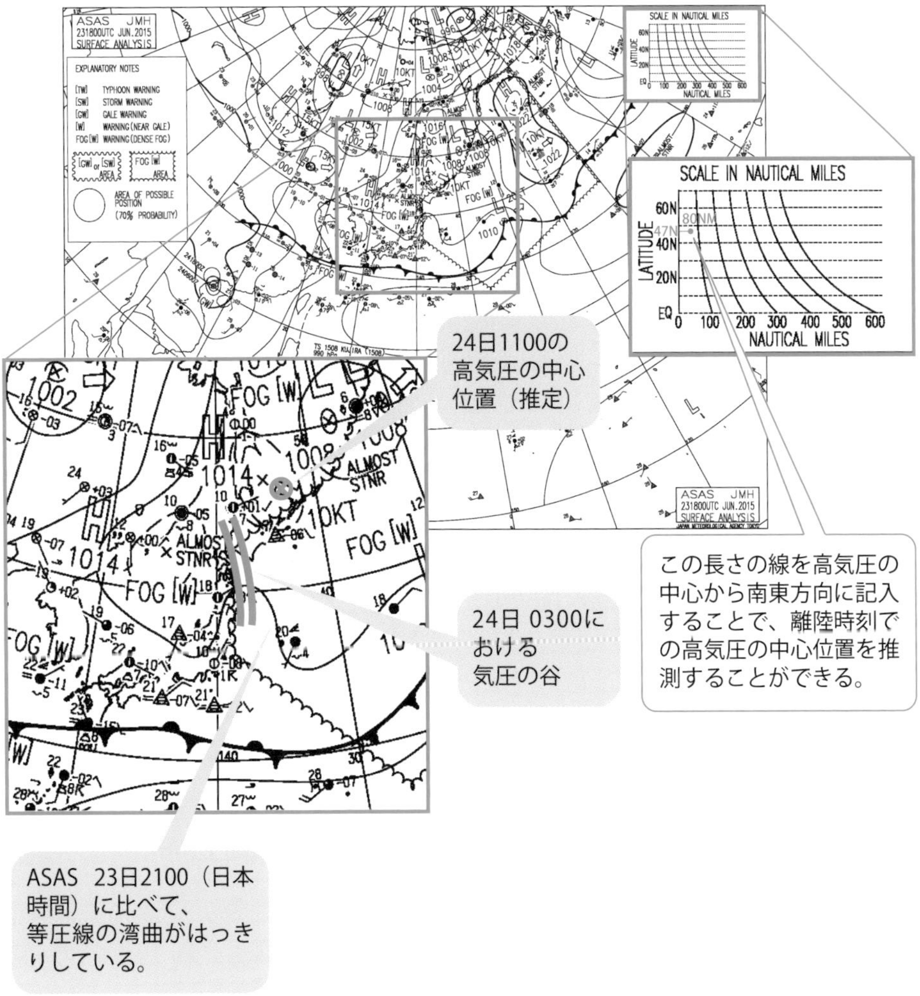

図4-2-5　ASAS　24日0300（日本時間）

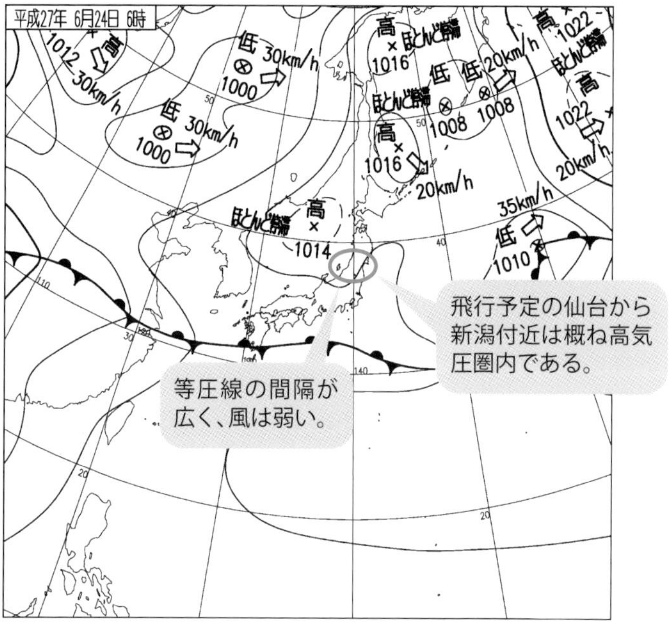

図4-2-6 SPAS 24日0600（日本時間）

4-2-4 出発空港の説明

METARから出発空港の最新の気象状態を説明します。

風、視程、現在天気、雲の状況、気温、気圧などを確認しながら読んでいきます。

```
RJSS 232200Z VRB02KT 9999 FEW015 21/19 Q1011
RJSS 232300Z VRB02KT 9999 FEW015 22/18 Q1011
RJSS 240000Z 12007KT 9999 FEW015 23/18 Q1011
```

ブリーフィング開始は9時なので、ブリーフィング前に確認できるのは、7時と8時のMETARです。24日7時は、METARではUTC表示なので23日22時と表されます。7時と8時のMETARでは、風がVRB02KT、視程が10km以上、雲がFEW1500FTでした。ブリーリング中に9時のMETARが出るのでそれを確認すると、風が120度方向から7ktとなり南東風が強くなってきましたが、気温も23℃と上がってきていることから、海風の影響が出て来ていると考えられます。視程と雲はそれまでと変わりません。

次に最も重要となる今後の気象状態の説明に移ります。

まず、全般を把握するためFSAS24、FXFE502、FXFE5782を参考にします。

FSAS24を見ると、日本時間で24日2100、東北地方には日本海にある高気圧と北海道の東にある高気圧に挟まれた気圧の谷が見られます。この気圧の谷について考えていきます。

図4-2-5　ASAS 24日0300の拡大図において、北海道の西にある中心気圧1014hPaの高気圧はほとんど動いていません（ALMOST STNR）。北海道の北東にある中心気圧1014hPaの高気圧は10ktの速さで南東に移動しています。離陸時刻である11:00は、この天気図の８時間後になるので、10kt×８時間＝80NM南東に移動することになります。ASASの右上に「SCALE IN NAUTICAL MILES」という図がありますが、高気圧の中心は北緯47°付近にあるので、縦軸に47N、横軸に80NMの長さをとり、その長さの線を高気圧の中心から南東に向けて記入することで離陸時刻での高気圧の中心位置を推定することができます。この結果、高気圧の中心位置の移動はわずかであり、それに伴う気圧の谷の移動もわずかであると考えられます。ここで、ASAS 24日0300（日本時間）において東北地方の東にある等圧線の湾曲は、ASAS 23日2100（日本時間）（図4-2-2）と比較すると急激にはっきりと現れているので、今後気圧の谷の影響が大きくなる可能性があることを念頭にいれておきます。

次に、日本時間24日0900の予想をしたFXFE502を見ると（図4-2-8 上から

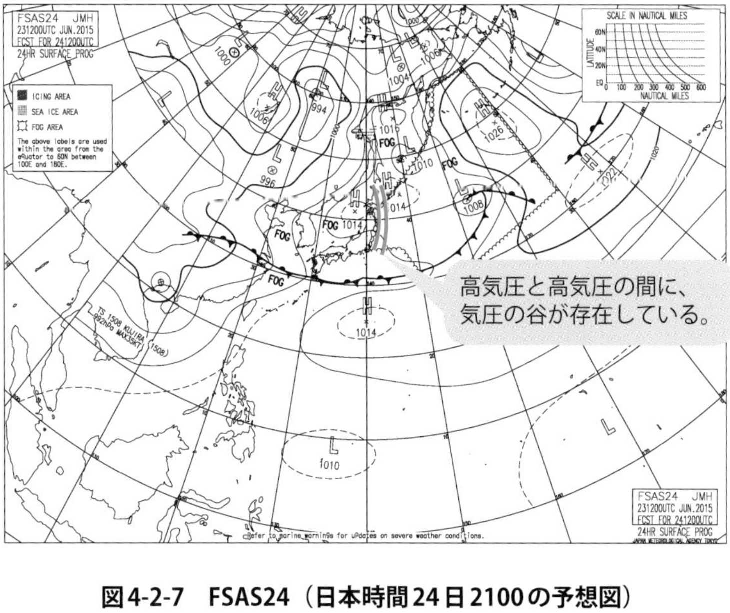

図4-2-7　FSAS24（日本時間24日2100の予想図）

１段目)、500hPa面に正の渦度領域があります。また、同予想時刻のFXFE5782では（図4-2-9上から３段目)、700hPa面で北関東に上昇気流が見られ、その北側にある700hPa面での下降流域に、850hPa面で西北西の風５ktが予想されています。一方、同予想時刻において、「500hPa面での等温線の収束帯」や「700hPa面での湿域」は見られず（図4-2-9上から１段目)、地上での降水は予想されていないことから（図4-2-8上から３段目)、飛行予定空域では、大きな天気の崩れはないと予想することができます。このように、上層の予想天気図では、同じ予想時刻で複数の高度帯を比較してみることが大切です。

また、日本時間24日2100の予想をしたFXFE502（図4-2-8上から２段目）では、500hPa面に正の渦度領域はありませんが、FXFE5782を見ると（図4-2-9上から２段目)、700hPa面の東北南部から関東地方にかけて、湿数T－Tdが18℃から６℃へと小さくなり湿数が高くなる傾向が見られます。また、同予想時刻の850hPa面で（図4-2-9上から４段目)、関東地方に寒気の中心があり、その西側には700hPa面の上昇流域が見られます。さらに、同予想時刻ののFXFE502において（図4-2-8上から４段目)、東北地方の南付近に21時から翌日９時まで13mmの降水が予想されていますが、これは、先ほど説明しました同予想時刻での「700hPa面での湿数と上昇流域」及び「850hPa面での寒気」と関連していると考えられます。しかし、これは21:00の予測であり、離陸は11:00なので、本日のフライトに影響はないと思われます。

次に、出発空港の具体的な気象を把握するため、TAFが発表されている空港ならTAFを確認し、TAFが出ていない空港ならば近隣空港のTAFやFSAS24、FXFE502などを確認します。

TAFでポイントとなるのは、次のとおりです。

TAFでのポイント①　風向と風速

風がどの方向からどれくらいの強さで吹くと予想されているかを確認します。使用滑走路に対して横風成分がある場合、横風離陸への対応が必要となります。飛行機の場合、一般的に、風が吹いてくる方向に操縦輪を傾けて離陸滑走中に翼が地面と水平になるように操作する必要があります。

さらに、使用滑走路方向に対して風を正面から受けるのか、背風を受ける可能性があるか確認することで、離陸距離への影響を考慮します。風を正面から受けると離陸距離は短くなりますが、風を後ろから受けると離陸距離は長くなりま

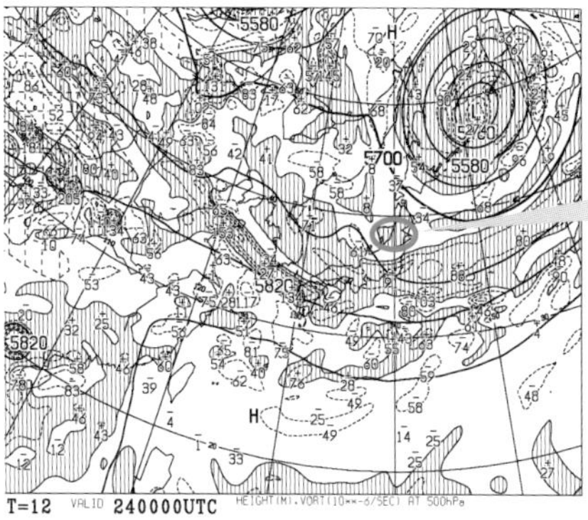

日本時間24日0900の500hPaの渦度予想図

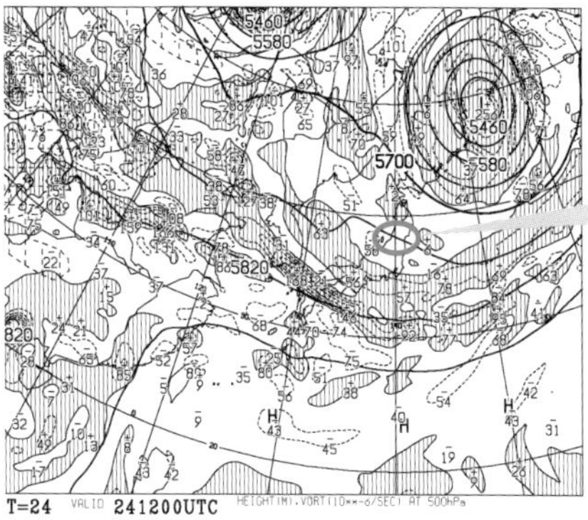

日本時間24日2100の500hPaの渦度予想図

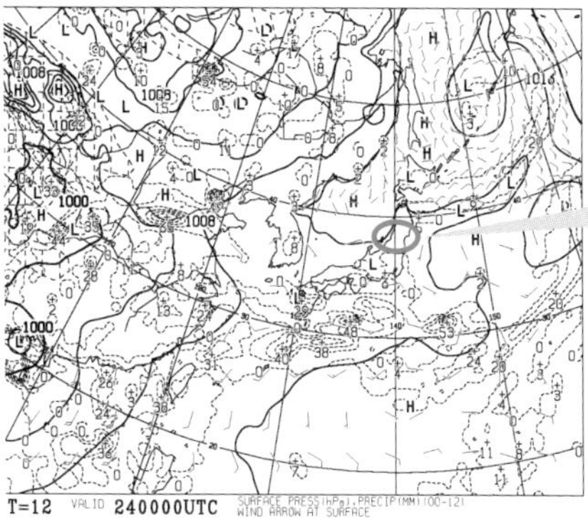

日本時間24日0900の地上気圧／風／降水量予想図

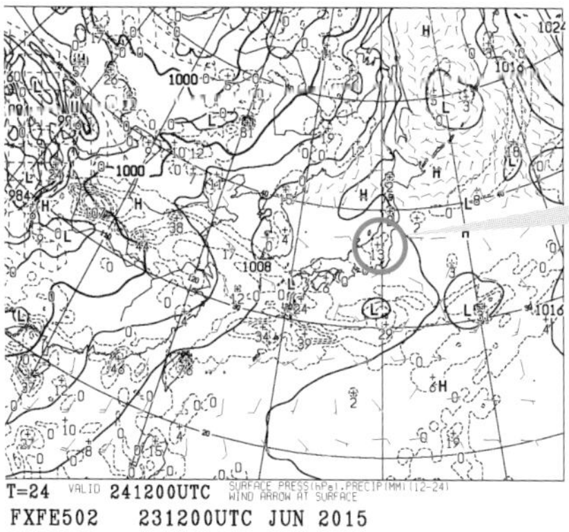

日本時間24日2100の地上気圧／風／降水量予想図

図4-2-8　FXFE502

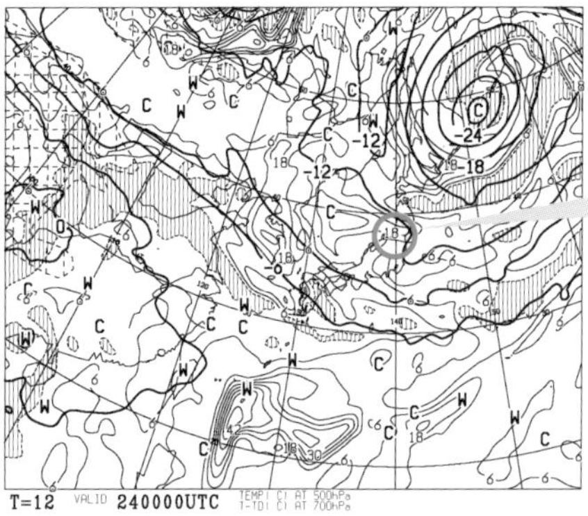

日本時間24日0900
500hPa気温／700hPaの湿数予想図

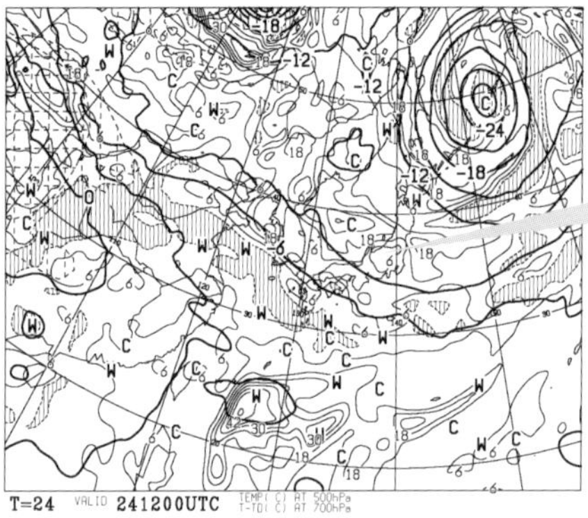

日本時間24日2100
500hPa気温／700hPaの湿数予想図

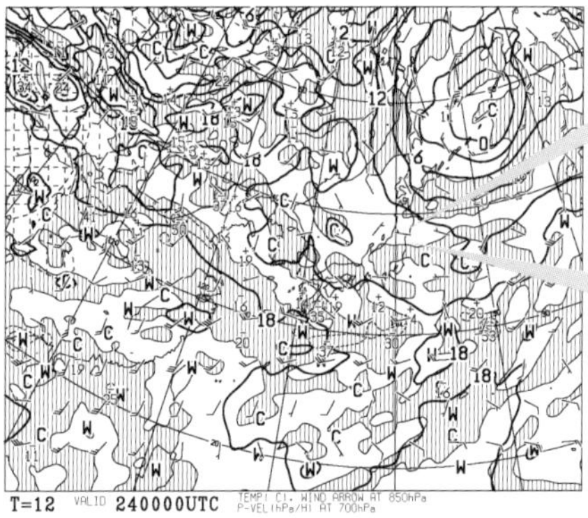

日本時間24日0900
850hPa気温・風／700hPaの上昇流予想図

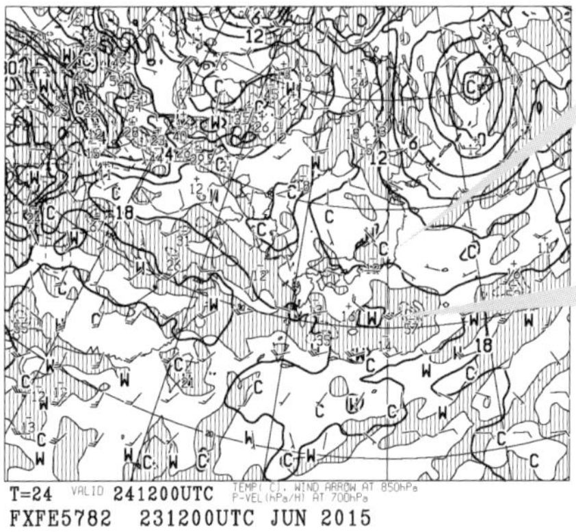

日本時間24日2100
850hPa気温・風／700hPaの上昇流予想図

図4-2-9　FXFE5782

す。滑走路に対する横風成分、正対風成分及び背風成分に対する定められた風速制限値を超えると離陸することはできません。

TAFでのポイント②　視程と雲の状況

出発しようとする空港の気象状態がVMCと予想されているか、IMCと予想されているかを確認します。VMCならば、VFRによる出発が可能です。空港の気象状態がIMCならば、IFRによる出発、あるいはスペシャルVFRによる出発が必要となります。なお、ここではVFRを想定しているので、IFRによる出発は考えません。

空港の気象状態がVMCとはどういう意味か

VMCとはVisual Meteorological Conditionsの頭文字をとったもので、日本語では有視界気象状態といいます。空港の気象状態がVMCとは、地上視程が5,000m以上、雲高が地表または水面から300m（1,000ft）以上の気象状態をいいます。

空港の気象状態がIMCとはどういう意味か

IMCとはInstrument Meteorological Conditionsの頭文字をとったもので、日本語では計器気象状態といいます。空港の気象状態がIMCとは、VMC以外の気象状態をいいます。つまり、地上視程が5,000m未満、雲高が地表または水面から300m（1,000ft）未満の気象状態です。

VFRとは何か

VFRとはVisual Flight Rulesの頭文字をとったもので、日本語では有視界飛行方式といいます。VFRでは、雲と一定の距離以上離れて飛行する必要があります。一定の距離がどれくらいかは、「4-2-5 飛行経路上の天候の説明（p.182）」で説明します。出発空港の気象状態がVMCであれば、VFRによる出発が可能です。

IFRとは何か

IFRとはInstrument Flight Rulesの頭文字をとったもので、日本語では計器飛行方式といいます。IFRとは、常に管制官の指示に従う飛行方式です。出発空港がVMCでなくIMCの場合、常に管制官の指示に従って飛行する

IFRで飛行する必要があります。IFRで飛行するためには、パイロットは計器飛行証明という資格が必要になります。航空機もIFRで飛ぶための装備が必要になります。また、出発空港がIMCのとき、次に説明しますスペシャルVFRでも、条件を満たせば飛行することができます。

スペシャルVFRとは何か

スペシャルVFRは、日本語で特別有視界飛行方式といいます。スペシャルVFRとは、管制圏内または情報圏内で、地上視程が1,500m以上のとき、VFRで飛行する航空機に対し、一定条件の下でIMCでの離着陸や飛行が行える飛行方式です。スペシャルVFRが許可された場合、パイロットが守らなければならない項目は、次のとおりです。

・飛行中は常に雲から離れて飛行すること。

・飛行視程1,500 m以上を維持して飛行すること。
（飛行視程：飛行中の航空機から視認できる前方距離）

・地表または水面を引き続き視認できる状態で飛行すること。

・管制圏内は指定された周波数をモニターして、いつでも管制官の指示に従うこと（管制圏：「管制圏とは何か」参照）。

・情報圏を飛行する場合は、当該情報圏を管轄するレディオまたはリモートを経由して、スペシャルVFRの許可を行う機関と常時連絡を保つこと（情報圏：p.181参照）。

地上視程が1,500m未満となった場合は、以下の措置がとられます。

・出発機に対しては、スペシャルVFRによる飛行は許可されません。

・管制圏または情報圏外を飛行中の到着機に対しては、緊急状態でない限りスペシャルVFRによる着陸は許可されません。

・管制圏または情報圏内を飛行中の到着機に対しては、1,500m以上の飛行視程を維持して管制圏または情報圏外に離脱できる場合は離脱が指示され、飛行視程を維持しての離脱ができない場合または緊急状態が存在する場合は、トラフィックの状況が許す限りスペシャルVFRによる着陸が許可されます。

管制圏とは何か

正式名称を航空交通管制圏といい、航空機の離着陸が頻繁に行われる飛行場に管制圏が指定されています。管制圏は飛行場標点から半径９km（５マイル）の円で囲まれる区域の上空で、一般的な高度は3,000ft以下の空域です。

情報圏とは何か

正式名称を航空交通情報圏といい、管制圏が指定されていない空港のうち、IFRによる離着陸が行われる飛行場に情報圏が指定されています。情報圏は飛行場標点から半径９km（５マイル）の円で囲まれる区域の上空で、一般的な高度は3,000ft以下の空域です。

TAFでのポイント③　天気現象

降水、もや、霧、雷雨などの有無を確認します。降水があると視程が悪化し、遠くまで見通すことが難しくなるため危険度が高くなります。もや、霧が観測されると空港はIMCなのでVFRによる出発はできません。また、雷雨が予報されるときは積乱雲があるため、ダウンバースト、ガストフロントに遭遇する可能性があるので細心の注意を払う必要があります。

仙台空港の実際のTAFは、次のとおりです。

```
TAF RJSS 232308Z 2400/2506 14010KT 9999 FEW010 SCT030
    BECMG 2410/2412 3000 BR FEW003 BKN006
    TEMPO 2415/2421 1500 BR FEW001 BKN003
    BECMG 2421/2424 9999 NSW FEW010 SCT030
```

24日00:00（日本時間9:00）〜25日06:00（日本時間15:00）で風が140度方向から10ktと予報されていますが、海風の影響と考えられます。仙台空港を離陸するときは、RUNWAY 09で横風制限内ですが、離陸滑走中は右前方から風が吹いていると予想できます。

視程は10km以上で、雲はFEW1,000FT、SCT3,000FTなので、空港はVMCの見込みです。

ただし、離陸後、1,000ftと3,000ftの雲に近づかないように注意が必要です。

BECMG 2410/2412で視程が3,000m、BKN600FTとIMCの予想が出ていますが、日本時間で19時から21時にかけての予報なので、本日のフライトには関係ありません。

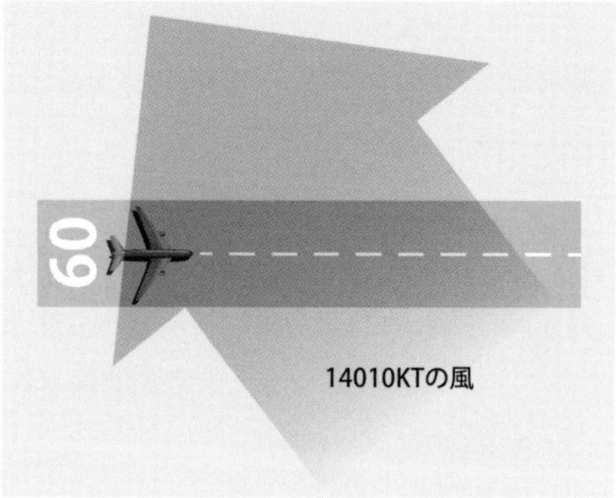

図4-2-10　RUNWAY09からの横風離陸

同じく、その後のTEMPOとBECMGも本日のフライトには関係ありません。

4-2-5 飛行経路上の天候の説明

飛行経路上の気象で重要となるポイントとして、VMCを維持できるか、ということがあげられます。

飛行中のVMC

飛行経路中でのVMCとは次の条件を満たす状態をいいます。

・3,000m（10,000ft）未満を飛行するとき

飛行視程（飛行中の航空機から視認できる前方距離）：

管制区、管制圏、情報圏を飛行する場合は5,000m以上であること。管制区、管制圏、情報圏以外の空域を飛行する場合は1,500m以上であること。

管制区：

正式名称を航空交通管制区といい、日本のQNHが適用される区域内の上空で、地表または水面から一定の高さ以上（最低値は200m）の空域をいいます。QNHについては、p.191を参照してください。

雲：

航空機から上方にある雲の下端までの垂直距離が150m（500ft）、下方にある雲の上端までの垂直距離が300m（1,000ft）以内に雲がないこと。航空機から水平距離600mの範囲内に雲がないこと。

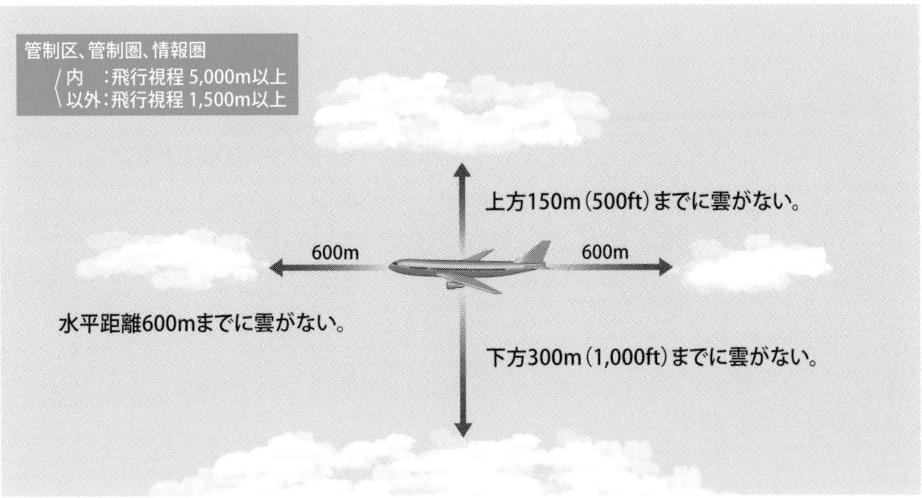

図4-2-11　3,000m（10,000ft）未満でのVMC

・3,000m（10,000ft）以上を飛行するとき

飛行視程：8,000m以上であること。

雲：

航空機から上方にある雲の下端、及び下方にある雲の上端までの垂直距離300m（1,000ft）以内に雲がないこと。

航空機から水平距離1,500mの範囲内に雲がないこと。

管制区、管制圏、情報圏以外の空域を300m（1,000ft）以下で飛行する場合のVMCもありますが、ここでは説明を省略します。

VFRで飛行する場合、上に示した雲との距離をとる必要があります。なぜでしょうか。理由の一つを次の例で説明します。

雲の向こう側に他の航空機や障害物があった場合、飛行中のパイロットは雲に視界を遮られているので、それらを視認することはできません。

VMCの条件で定められた雲との距離を確保することによって、急に他機や障害物に遭遇しても余裕をもって回避操作を行うことが可能になります（図4-2-13参照）。雲との間隔はパイロットの自己責任になりますので、自覚を持ってフライトに臨むことが大切になります。

出発空港周辺では雲が少なくても、途中の飛行経路上に雲が多い場合、VMCを維持することができなくなるかもしれません。

飛行経路上の雲の状況を事前に予想しておくことで、計画的なフライトが可能

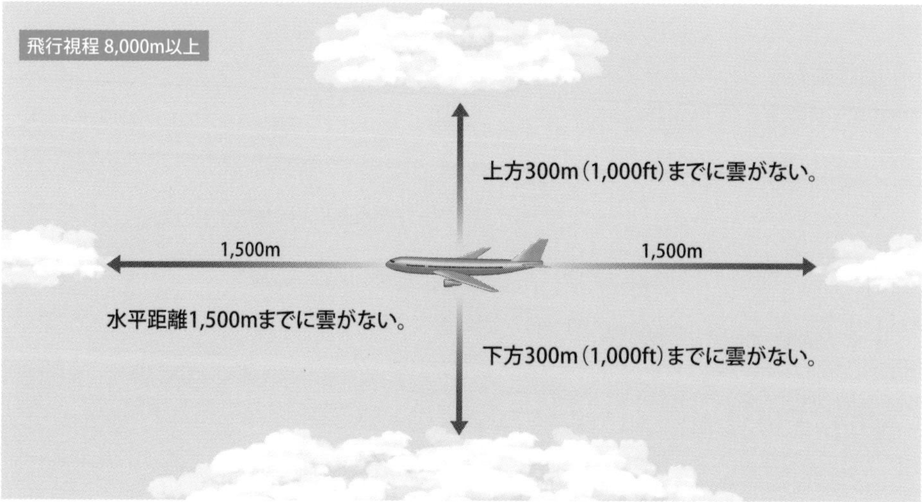

図4-2-12　3,000m（10,000ft）以上でのVMC

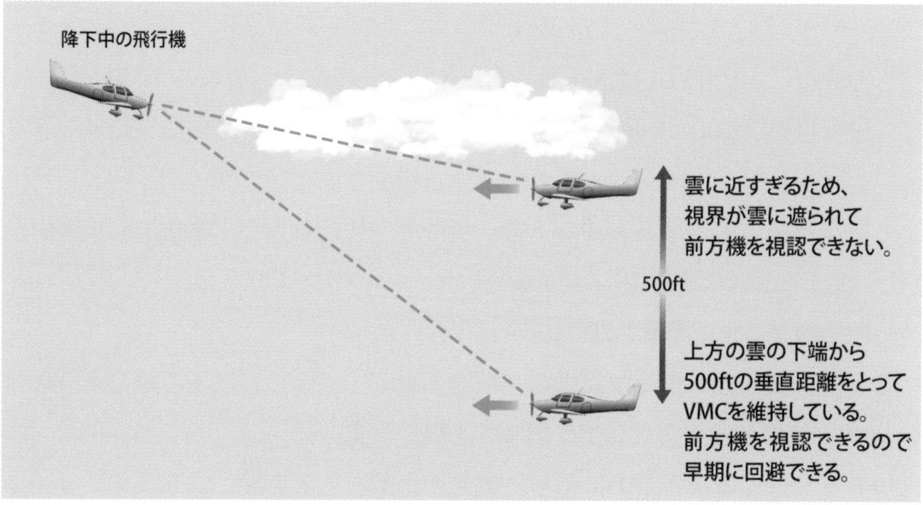

図4-2-13　雲との距離による視界の違い

となります。もし、計画性がなく、行き当たりばったりで雲を避けていたら、冷静な判断ができなくなってしまう恐れがあります。経路中に雲があると予想される場合、下方に障害物がなければ早めに降下したり、横によけたり、天候が悪い場合は出発空港に戻ったりするという腹案を持ってフライトに臨むことが重要です。

飛行経路周辺にある福島空港のMETARを確認します。

RJSF 232200Z 03003KT 350V070 5000 BCFG BR FEW001 17/17 Q1012
RJSF 232300Z 32003KT 260V020 9999 FEW015 20/17 Q1012
RJSF 240000Z 31004KT 270V340 9999 FEW020 21/16 Q1012

日本時間で24日の７時、８時、９時のものですが、風向変動があるものの風はいずれも弱く、気温の上昇とともに霧がなくなるため、視程は5,000mから10km以上に回復します。９時の時点でFEW2,000FTの雲しかないので、飛行に大きく障害となる状況は見られないことが分かります。

気流や大気の状態

飛行経路上に乱気流域や着氷域等がないか確認します。

日本時間24日0900に有効となるFBJP（悪天予想図）で、飛行予定エリアに悪天域は予想されていません。

また、FXJP106を見ると、日本時間24日1200で、等温位線・等温線・等風速線が顕著に収束しているところやウィンドシアは予想されていません。しかし、T－Td＜３℃の波形実線（scallop line）が7,000ft～9,000ft付近に見られます。これは、FXFE5782　日本時間24日0900の700hPa面（p.178図4-2-9

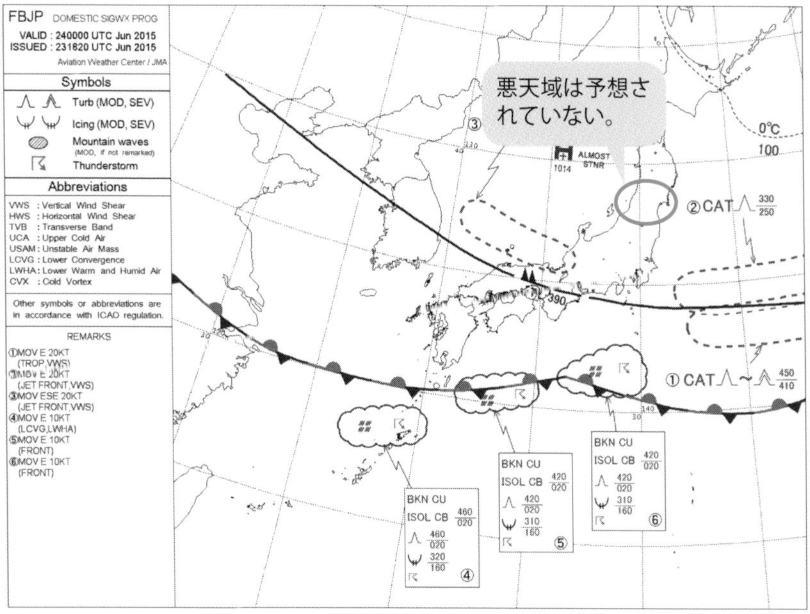

図4-2-14　FBJP（日本時間24日0900有効）

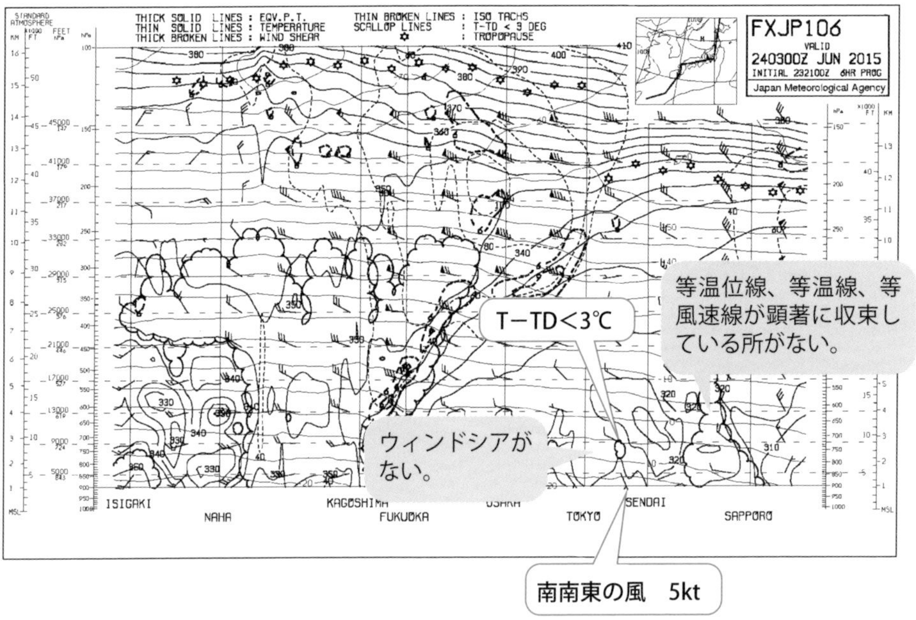

図4-2-15　FXJP106（日本時間24日1200の予想図）

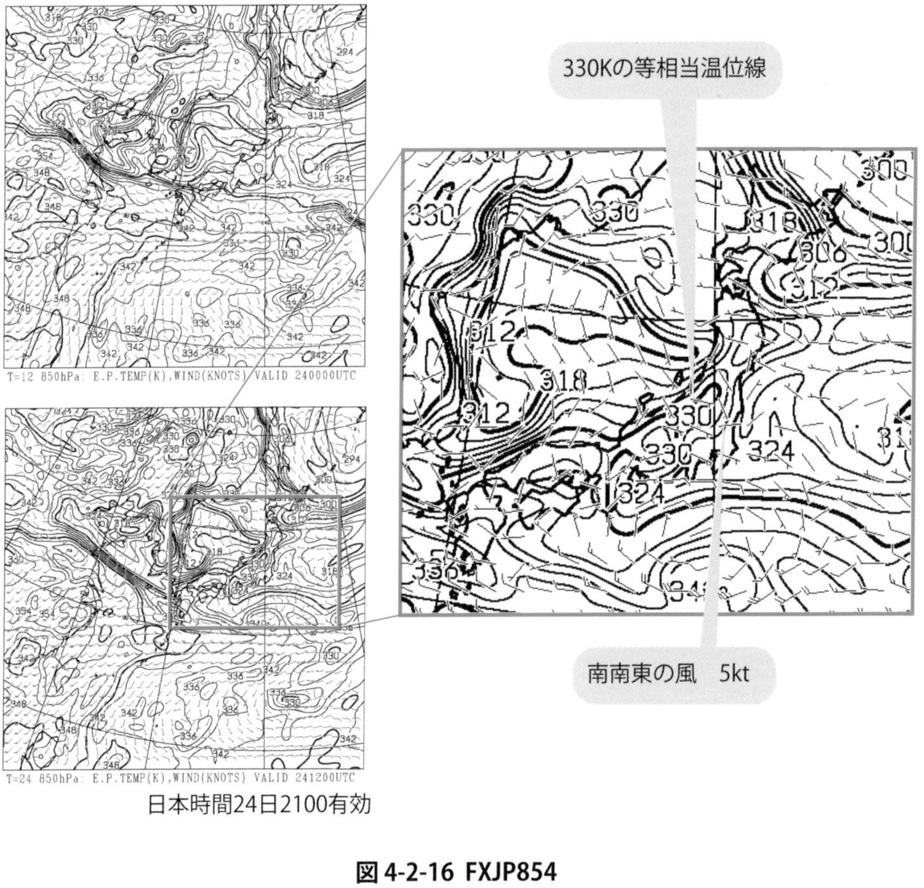

図4-2-16 FXJP854

上から３段目）で見られる上昇流域の影響が考えられます。また、FXFE5782 日本時間24日2100において（図4-2-9 上から４段目）本州の南の海上に700hPa面での上昇流域があり、その中に、日本時間0900でははっきりしていませんでしたが850hPa面に暖気の中心が明確に現れています。また、FXJP854 日本時間24日2100有効において（図4-2-16）、850hPa面で330Kの等相当温位線が東北地方南部にかかり、南南東の風５ktが吹く予想が出ています。さらに、FXJP106　日本時間24日1200において仙台－東京間の850hPa面でも南南東の風５ktが予想されています。これらのことから、日本時間24日1200でも徐々に暖気の影響が出て来ている可能性があります。

このFXJ106　日本時間24日1200での「南南東の風５kt」と、FXFE5782 日本時間24日0900（図4-2-9 上から３段目）での850hPa面で東北地方南部に予想されている「西北西の風５kt」は、予想時刻に３時間の差があり、５ktと弱いですが、風向変動による気流の乱れを発生させるかもしれません。その他、山岳付近では上昇気流が起きやすいため、局地的な揺れがあるので注意が必要です。

4-2-6　目的地空港の説明

METARから目的地空港の最新の風、視程、現在天気、雲の状況、気温、気圧などを確認します。

```
RJSN 232200Z 36005KT 9999 FEW020 BKN030 21/17 Q1012
RJSN 232300Z 36006KT 9999 FEW015 BKN030 21/17 Q1012
RJSN 240000Z 01009KT 9999 FEW015 BKN025 22/17 Q1012
```

日本時間で24日の７時、８時、９時のものですが、いずれも北よりの風です。９時の時点で風速が９ktと若干強くなっていますが、気温が22℃と上がっていることから海風の影響があると思われます。また、日本海に中心を持つ高気圧の前面に新潟は位置するので、高気圧からの吹き出しによる北風が海風と合わさっていることも考えられます。雲はBKN2,500FTが観測されましたが、日本海に中心を持つ高気圧からの吹き出しによる北風が日本海を通ってくるため、雲が形成されたと考えられます。

次に、目的地空港の今後の気象状態の説明に移ります。

TAF（TAFがない空港では、近隣空港のTAF、FSAS24、FXFE502など）を参考にします。

ポイントは、次のとおりです。

TAFでのポイント①　風向と風速

風がどの方向からどれくらいの強さで吹くと予想されているか確認します。使用滑走路に対して横風成分がある場合、横風着陸を行う必要があります。さらに、使用滑走路方向に対して風を正面から受けるのか、背風を受けるのか確認することで、着陸距離への影響を考慮します。風を正面から受けると着陸距離は短くなりますが、風を後ろから受けると着陸距離は長くなります。滑走路に対する横風成分、正対風成分及び背風成分に対する定められた風速制限値を超えると着陸することはできません。

TAFでのポイント②　視程と雲の状況

目的地空港の気象状態がVMCと予想されているか、IMCと予想されているか確認します。VMCならば、VFRによる着陸が可能です。IMCならば、IFRによる着陸、あるいはスペシャルVFRによる着陸が必要となります。なお、ここではVFRを想定しているので、IFRによる着陸は考えません。

TAFでのポイント③　天気現象

降水、もや、霧、雷雨などの有無を確認します。雨や雪が降っていると、滑走路が滑りやすくなっているため、着陸距離が伸びてしまい、場合によっては、滑走路から逸脱してしまうことも考えられます。これは、離陸の場合も同様です。

新潟空港の実際のTAFは次のとおりです。

```
TAF RJSN 232305Z 2400/2506 03006KT 9999 FEW030 SCT060
    BECMG 2400/2402 36012KT
    BECMG 2410/2412 05004KT
    BECMG 2500/2503 35010KT
```

目的地空港のTAFを見るとき、到着予定時刻だけでなく、その前後１時間について見るようにします。この例の場合、到着予定時刻は日本時間で12:00なので、11:00〜13:00の時間帯についてよく確認します。

24日00:00（日本時間9:00）〜25日06:00（日本時間15:00）において、030度方向から６ktの風、視程10km以上、FEW3,000FT、SCT6,000FTの雲が予想されています。

BECMGで24日00:00（日本時間9:00）〜25日02:00（日本時間11:00）にかけて、風が360度方向から12ktと予想されていますが、海風がさらに強くなるためと考えられます。したがって、新潟空港到着予定時刻は12:00なので、使用滑走路はRUNWAY 28、右からの風を受けた横風着陸が予想されます。視程は10km以上です。雲について、9:00に観測されていたBKN025がなくなる予報されていますが、気温の上昇による影響と考えられます。雲は、FEW3,000FT、SCT6,000FTなので、空港はVMCと予想できます。

ただし、進入中にFEW3,000FT、SCT6,000FTの雲に近づかないように注意する必要があります。

4-2-7　代替空港の説明

悪天候により進入の継続ができないとき、事故による滑走路閉鎖時など、目的地空港に着陸できない場合に備え、代替空港を事前に考えておく必要があります。代替空港の気象状況について、目的地空港で説明した要領で確認します。

代替空港のTAFを見るとき、代替空港の到着予定時刻での予報を確認します。12:00に新潟空港上空に到着し、代替空港を仙台として行きの逆経路ですぐに引き返した場合、１時間かかるとすれば仙台到着予定時刻は13:00になります。

```
TAF RJSS 232308Z 2400/2506 14010KT 9999 FEW010 SCT030
    BECMG 2410/2412 3000 BR FEW003 BKN006
    TEMPO 2415/2421 1500 BR FEW001 BKN003
    BECMG 2421/2424 9999 NSW FEW010 SCT030
```

2400/2506 14010KT 9999 FEW010 SCT030

とあるので、到着予定時刻において仙台空港はVMC、引き続き海風の影響により14010KTなので使用滑走路は09、右前からの風を受けた横風着陸となります。

4-2-8　まとめ

以上のことより、運航中、経路上で弱い乱気流とSCT程度の下層〜中層雲に遭遇する可能性があり注意を要します。また、仙台空港と新潟空港で、FEW〜SCTの下層雲、離着陸時の横風に注意する必要があります。全体として、運航を中止するほどの悪天候は見られません。したがって、このフライトは天候上可能であると判断できます。

4-3　実際の運航

実際の運航では、気象状況、航空機の状況（エンジン系統、電気系統、燃料系統等）、緊急事態に遭遇したときの手順、空港や航空保安施設（航空機の航行を援助するための施設で、航空保安無線施設、航空灯火、昼間障害標識の三つに分けられる）等の状況、管制官との無線交信、他の航空機の状況、飛行高度が体に与える影響等、多くのことを考えなければいけません。ここでは気象に焦点を当て、VFRによる低高度での飛行を前提として、運航の流れを整理してみました。少し違った視点から概要を把握し、パイロットとしてステップアップするための土台を作っていただきたいと思います。

4-3-1　外部点検〜地上走行前

風が強いとき、持ち物や身につけているものなどが飛ばされることがあり、無意識に飛ばされた物を追いかけると航空機や車両にぶつかる危険性があるので注意が必要です。

雪が降った場合は、あらかじめエプロン地区や滑走路が除雪されているか確認が必要です。機体表面に雪、氷、霜があれば、除去しなければなりません。特に、ピトー管、静圧孔に氷が付着していないか点検します。また、操縦系統において目視では発見できないところが氷結している可能性もあるので、すべての操縦舵面が正常に作動することを確認します。

巡航高度変更の検討

プリブリーフィングの段階で、巡航高度を決定しておく必要があります。エンジンの燃焼室では燃料と空気が最適の割合で混合されます。高度が高いほど空気は薄くなるため、必要とされる燃料も少なくてすみ、燃料消費量を少なくすることができます。しかし、高度が高すぎるとエンジン出力が低下して速度が遅くなってしまいます。外気温度、機体重量、上空の風や雲の状況などから総合的に判断して、巡航高度を事前に決めておきます。

ところが、運航開始に伴いATISや管制機関から最新のMETARを入手したとき、気象状況がブリーフィングでの予想と違うこともあり得ます。パイロットは提供される気象情報だけでなく、実際に目視確認も行う必要があります。VFRの飛行で計画した高度に雲がかかる場合、巡航高度の変更を検討しなければなりません。例えば、西の方向に向かうVFRフライトのとき（磁方位で180°以上360°未満の方向へ飛行するとき）、高度にもよりますが、原則として、1,000ftの偶数倍に500ftを加えた高度を飛行するように、航空法で定められています。予報では雲底高度が6,000ftだったので4,500ftでの巡航を計画していたとします。最新のATISで雲底高度が2,000ftと報じられた場合、雲頂高度は5,000ftくらいまであるかもしれません。その場合、4,500ftを飛行すると雲に入ってしまいます。したがって、巡航高度を6,500ftあるいは8,500ftへ変更することを考えます。

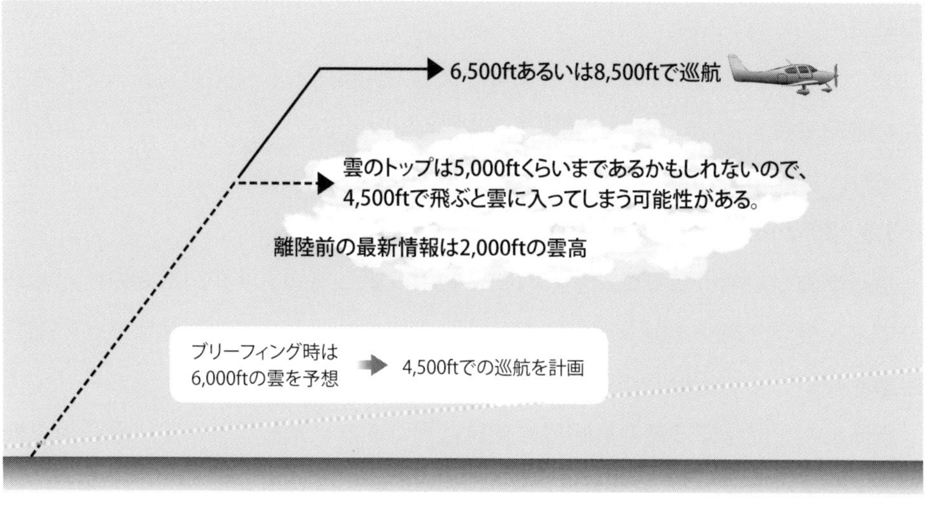

図4-3-1　雲底高度による巡航高度の変更

QNH

QNHとは、航空機が空港に駐機しているとき、高度計の値がその空港の標高を指示する気圧の値で、概ね海面上の気圧の値になります。

パイロットは、入手したQNHの値を高度計にセットします。

例えば、管制機関から「QNH2992（キュー　エヌ　エイチ　トゥー　ナイナー　ナイナー　トゥー）」という情報を得たとします。航空無線では「9」のことを「ナイナー」と発音します。2992とは29.92 inHgのことで、この数値を航空機の高度計にセットします。ちなみに29.92 inHgを「hPa」で表すと1,013hPaになり、これらの数値は国際標準大気における平均海面高度での気圧の値です。

QNHという用語は何かを省略したものではなく、Q符号というものから来ています。元来、モールス通信で通信文を短縮するために生み出されたもので、次のような意味がありました。「《問い》そちらの所在地にこちらがいたとした場合、こちらの標高を指示するように高度計の気圧修正をするには、どうすればよいですか。《答え》そちらの高度計を○に気圧修正すれば、高度計はそちらが◎時にこちらの所在地にいたとした場合の標高を指示します」

4-3-2　地上走行（タクシー）

雨が降った後のタクシーでは、可能な限り路面の水たまりを避けるようにします。ブレーキや脚についた水が離陸後凍結し、正常な作動を妨げる可能性があるためです。

また、翼、胴体に雪が積もったままでは揚力が低下し、空気抵抗も大きくなるため離陸できません。

4-3-3　離陸～上昇

飛行準備の段階で離陸距離がどれくらいか確認していますが、滑走路のどの辺りで飛行機が浮揚するか、再度把握しておきます。風や気温が変化すると、離陸距離も変わってくるので注意が必要です。

離陸滑走を開始する前、最終的に機体に異常がないか確認します。離陸前点検が完了するこの時点で、出発前の確認がすべて終わったことになります。

離陸後の進行方向に雲があるかどうか見極めます。VFRフライトでは雲との間隔を取らなければならないので、最適なルートを事前に見定めます。

風の状況を確認し、横風離陸が必要か最終確認します。風向・風速は、管制塔などからの無線によるほか、ウィンドソックス（風向指示器）を見ることでも確認できます。ウィンドソックスが真下より約45°の位置にあるときの風は約10kt、真横にあるときは約20kt、真横よりさらに上になびくときは20kt以上吹いています。

横風離陸では浮揚後、必要に応じて風に流されないように機首方位を風上に向けて偏流修正を行います。

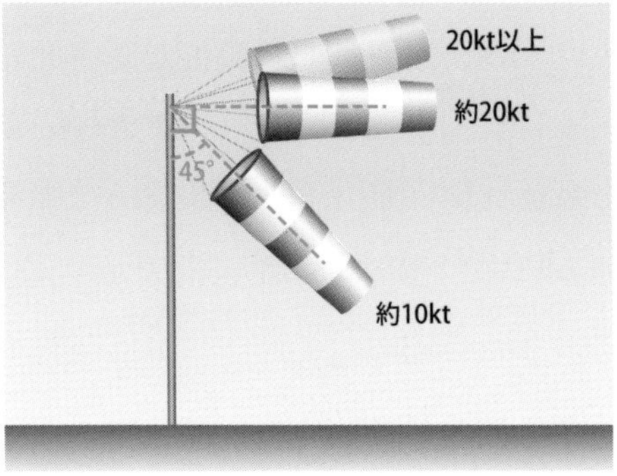

図4-3-2　ウィンドソックス（風向指示器）

パイロット泣かせのタクシーウェイ

東京国際空港(羽田)と成田国際空港の表面に張り巡らされたタクシーウェイ（地上走行経路）はとても複雑でパイロット泣かせです。離陸のためターミナルにある駐機スポットから滑走路までと、着陸後滑走路から駐機スポットまで、タクシーウェイに沿って地上走行をしなければなりません。網の目のようなタクシーウェイは、よく見ないと間違えそうになることがあります。東京国際空港(羽田)は４本の滑走路があり、成田国際空港は２本の滑走路があるため経絡も離着陸滑走路に応じて複数考えられます。「Taxi via Route○」のように、予め定められた経路を走行するように管制官から指示されることもあります。この２つの空港はタクシーウェイが複雑なので、走行時の緊張感は高くなります。ですが、他の「タクシーウェイがシンプルに見える空港」にも、落とし穴があるかもしれません。自動車でも、走り慣れている道ではつい油断してしまうため、交通事故が起きやすいそうです。「ここの空港はいつも使っているし、タクシーウェイも単純な作りだから、それほど注意しなくても大丈夫」という考えは厳禁です。航空機の運航中は、何が起きるか分かりません。上空だけでなく地上でも事故を起こさないように、パイロットは細心の注意を払っています。

4-3-4　巡航

QNE

高度計のアルティメーターセッティングは、14,000ftまでは飛行エリアのQNHを、14,000ft以上では29.92inHgをセットします。29.92inHgをセットする方法をQNE法といい、標準気圧面からの高度が高度計に表示されます。標準気圧面からの高度を気圧高度（Pressure Altitude）といいます。ちなみに、QNHの場合、高度計は平均海面からの高度が高度計に表示されますが、平均海面からの高度を真高度（True Altitude）といいます。

雲の回避

進行方向の雲の状況を確認し、雲に入りそうなときは事前に左右に経路を変更するか、上下に高度を変更して雲を避けます。

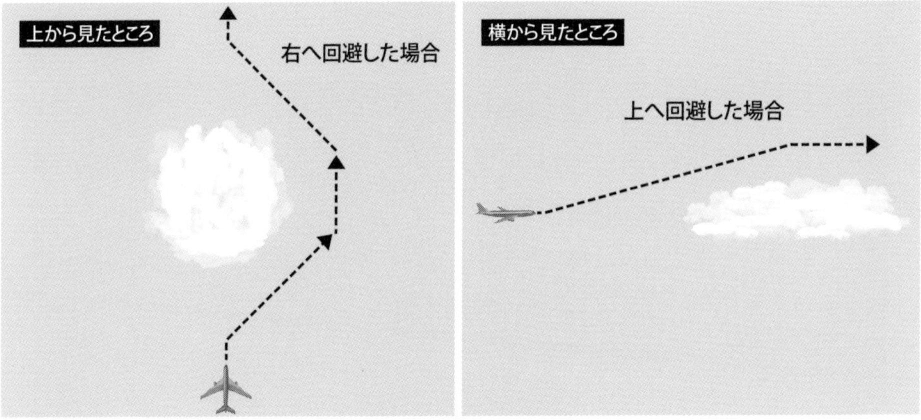

図4-3-3　雲の回避

着氷域と乱気流域の回避

外気温度が10℃以下で湿域（雨、雲などがある場所）を飛行しなければならないとき着氷の恐れがあります。防除氷装置を作動させながら経路や高度の変更、出発した空港に引き返すことなどを考慮し、着氷域から可能な限り早く脱出します。

また、タービュランスに遭遇したときは、高度変更が可能ならば揺れない高度を飛行します。また、減速させると機体の揺れは小さくなります。

タービュランスの強度と機体の状態

強度	機体の状態
Light	・高度計、飛行姿勢に軽度の変化がある。 ・速度計に大きな変化はない。 ・操縦の困難性はない。
Moderate	・高度計、飛行姿勢に中程度の変化がある。 ・速度計に変化がある。 ・操縦は常時可能な状態である。
Severe	・高度計、飛行姿勢が大きく急に変化する。 ・速度計に大きな変化がある。 ・操縦が不可能になることがある。 ・機体構造が損傷を受ける恐れがある。

（ICAO区分より抜粋）

目的地空港の気象状況の確認

ATIS、対空センター、FSC（Flight Service Center；飛行援助センター）などから気象情報を入手し、風の状況、視程、雲の状況、気温、QNHの各要素から現況をイメージしてフライトへの影響を予測します。ここで、目的地空港のQNHを高度計にセットすることを忘れてはいけません。特に、気圧が低い方向に飛行しているときは注意を要します。QNHのSETを忘れると、気圧が高かったときのQNHを基準に飛行してしまうため、実際には低いところを飛ぶことになってしまうためです。低高度は山や障害物に接近してしまうため、危険な状況になりかねません。したがって、14,000ftより下を飛行する場合、その空域のQNHをセットして飛ぶことが重要です（図4-3-4 気圧と高度）。また、同空域を飛ぶ航空機が同じQNHをセットすることで、航空機同士の高度差を正しく把握することができるので、安全な飛行につながります。

さらに、気温が低い方向に飛行しているときも注意が必要です。気温が低いと空気密度が小さいため、全体的な空気層の厚さが薄くなり、真高度が低いところを飛ぶことになります。したがって、気温が低い地域を低空で飛行するときは、より一層山や障害物に注意しなければなりません。

また、ATISでの雲の状況は、目的地空港とその周辺の状態が報じられていますが、その雲がさらに離れたところまで広がっている可能性があります。どの高度帯に雲があるのかよく認識して、雲の回避が遅れないようにします。状況によっては早めの高度処理が必要となります。なお、気象情報から横風があることが分かったときは、あらかじめ横風着陸に必要なテクニックの着眼点について、おさらいしておきます。

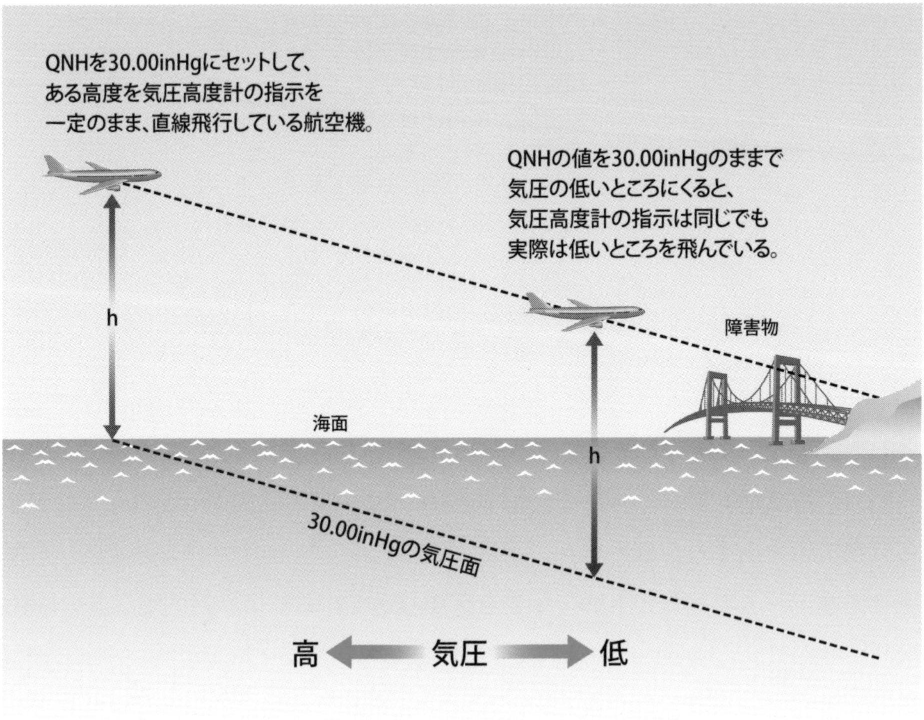

図4-3-4　気圧と高度

図4-3-5　気温と高度

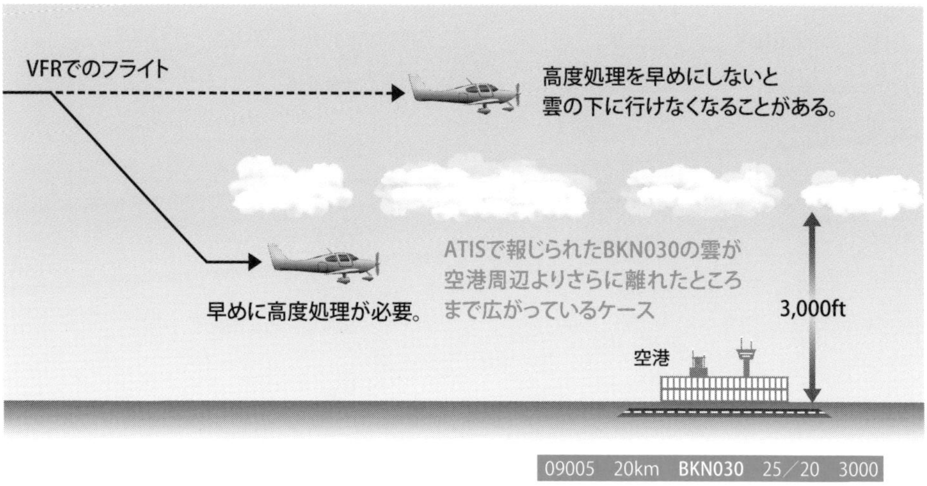

図4-3-6　空港周辺の雲の状況

4-3-5　降下〜着陸

巡航高度から降下を開始する点は、風の状況によりその都度変える必要があります。例えば、4,500ftを巡航していて1,500ftまで500fpmで降下する場合を考えてみます。fpmは、feet per minuteの略で、ft/minという表記方法もあります。降下率あるいは上昇率を表し、１分間に何feetの割合で降下（上昇）するかを示しています。この例の場合、１分間に500ftの割合で降下することを表しています。4,500ftから1,500ftまでは、3,000ftあります。１分間に500ftの割合で降下すると、3,000（ft）÷500（ft/min）＝６（min）より、6分かかります。ここで、飛行機の速度が120ktだとします。120ktは、真対気速度（TAS：True Air Speed）です。真対気速度は、速度計に指示された速度に各種誤差を修正した値で、大気に対する航空機の速度になります。

ちなみに、速度計に指示された速度を指示対気速度（IAS：Indicated Air Speed）といいます。120ktは120NM／Hourであり、１時間に120NM進む速さです。１時間は60分なので、120÷60＝２、つまり１分間で２NM進むことになります。4,500ftから1,500ftまでの降下に６分かかり、１分間に２NM進むと、降下に必要な距離は６×２＝12で12NMとなります。仮に目的地空港の手前15NMの地点で1,500ftへ到達しようとする場合、15（NM）＋12（NM）＝27（NM）、つまり、降下開始点は空港の27NM手前になります。

ここで、30ktの追い風があるとします。飛行機の対地速度は120（kt）＋30（kt）＝150（kt）となります。150ktは、150÷60＝2.5より１分間に2.5 NM

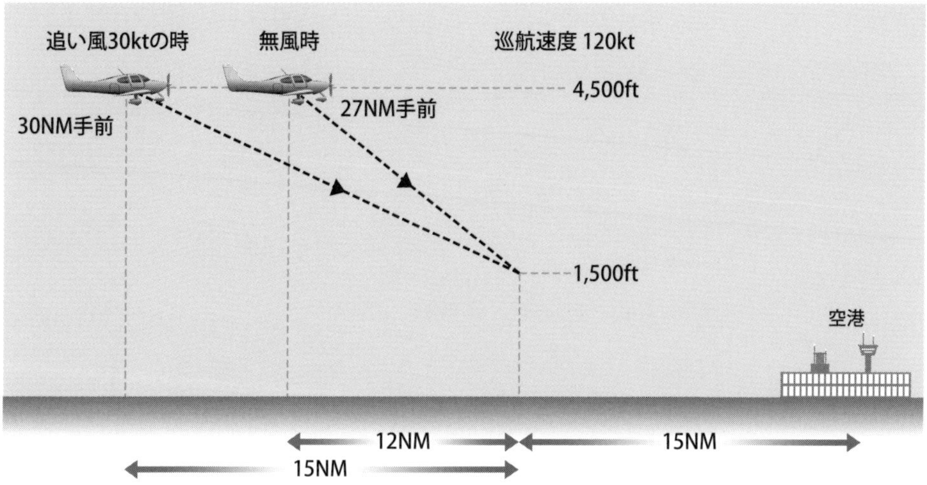

図4-3-7　降下開始点

進みます。4,500ftから1,500ftまでの6分間の降下中、6×2.5＝15より15NM進むことになります。これより、降下開始点は、15（NM）＋15（NM）＝30（NM）手前となります。

また、降下中、雲や風の状況は高度とともに変化するので、注意しながら飛行する必要があります。山岳地の風下を飛行する場合、山岳波による気流の乱れも予想されます。

視程がよくないときは、滑走路の視認が遅れるので注意しましょう。飛行場灯火を先に発見した場合、位置関係から滑走路を見つけることもできます。

飛行準備の段階で着陸距離がどれくらいか確認していますが、飛行機が着陸後、どのタクシーウェイから滑走路を離脱できるか、再度把握しておきます。風や気温が変化すると、着陸距離も変わってくるので注意が必要です。

先行機が中型機や大型機の場合、ウェークタービュランスに注意します。45°後方から弱い風があると、ウェークタービュランスが接地点付近に残っている可能性があります。その場合、滑走路が長ければ、接地点を奥にずらして着陸するといった対処も考慮します。エプロン地区へ地上滑走してエンジンを止めた後も気を抜いてはいけません。出発時と同様に、強風時は機外に出たとき、持ち物や身につけているものなどが飛ばされないように気をつけます。エプロン地区は、出発する航空機、到着する航空機、燃料補給車、電源車、牽引車など、いろいろな目的を持った人・車両・航空機が集中している場所で危険要素が多数あるため、細心の注意を払わなければなりません。

　このように、離陸前から着陸後まで、航空機の運航と気象は密接な関係があります。日頃から気象の変化に興味を持っておくと、実際の運航のときにも役立つでしょう。気象の変化を観察するとき、特に「気象変化の原因」に着目してみてください。「なぜ、こうなったのだろう」と自分自身に問いかけて、その原因を探ってみてください。きっと、これまで以上に洞察力が身に付くのではないかと思います。

納得できる着陸を求めて

　着陸は飛行機の操縦の中でも、特に高度な技術を必要とします。理由の一つは、着陸するときのコンディションが毎回違うためです。風の状況、雨・雪・もやなどの天気現象、昼間と夜間、着陸する空港の特徴、飛行機の重量や重心位置など、まったく同じ状況下での着陸はないといっても過言ではありません。そうした中で納得できる着陸を目指して、パイロットはフライトに臨んでいます。満足いく着陸は、数十回に１回あればいい方かもしれません。私が経験した中で印象的な空港を二つご紹介します。１つ目は羽田空港です。羽田空港には滑走路が４本あり、風向き、西方面か北方面かなど、どの方面から到着するかで着陸滑走路が決まります。その中でもRunway34Leftで、強い東よりの風が吹いているときは注意が必要です。滑走路の接地帯付近の右側に格納庫が並んでいます。格納庫を越えてきた東よりの風は乱気流となって、接地前の飛行機を容赦なく揺さぶるため、着陸操作が難しくなるのです。この乱気流はハンガーウェーブと呼ばれています。ハンガーとは格納庫のことです。そして、２つ目は高松空港です。高松空港は、滑走路の端から中央にかけて若干の登り坂になっています。滑走路の中央付近が盛り上がっていて、約0.6%の勾配があります。この勾配は、着陸接地後の滑走時に減速が早まるという利点がありますが、欠点もあります。飛行機を滑走路に接地させる前、反対側の滑走路端を視野に入れるという着眼点の一つがあります。小型機での着陸時、滑走路勾配のため滑走路中央付近の路面が邪魔をして、反対側の滑走路端が非常に見にくくなり、普段と違った見え方が現れます。そのため、着陸操作が不安定になる可能性があるので、注意して操縦する必要があります。

　そうしたことから、この２つの空港は私にとってとても印象深い空港となり、記憶に残っています。

第５章

パイロットの世界と資格

この章では、パイロットとしてどのような仕事があるのか、どのようなライセンスがあるのかということについて、簡単に紹介していきます。職業としてのパイロットは、毎年行われる審査や身体検査に合格していかなければなりません。一見華々しくも見えるパイロットですが、地道な努力と自己管理を徹底して続けていく必要があります。

5-1　パイロットの世界

エアライン

定期便やチャーター便により旅客を目的地まで送り届けるのがエアラインパイロットの仕事です。貨物だけを運搬する航空機もあります。国内線、国際線など、どの路線を飛ぶかは会社によって様々です。最近は、従来の航空会社だけでなく、LCC（格安航空会社）も勢力を拡大してきています。多くの場合、機長と副操縦士の２名編成です。長距離路線の場合、パイロットが追加されることがあり、その場合、交代で操縦席に座ります。勤務地は、会社のベースがどの空港にあるか、どの機種に乗るかなどにより決定されます。拠点がいくつかある会社ならば、転勤もあり得ます。給与は会社によって基準が異なりますが、通常、機長に昇格するとアップします。勤務は、土日、祝日、お盆、年末年始にも割り当てられます。多くの会社でステイ（宿泊）を伴った運航があります。

ジェネラルアビエーション

比較的小さい航空機を扱い、チャーター、飛行訓練、遊覧飛行、写真撮影、患者輸送、測量、実験飛行、報道、官公庁から委託された航空機の運航など様々なことを行いますが、フライトの内容は会社によって異なります。機種や運航内容によっては、パイロット１名で運航することもあります。拠点がいくつかある会社ならば、転勤の可能性もあります。会社により様々ですが、土日、祝日、お盆、年末年始の勤務もあります。多くの会社で短期～長期のステイを伴った運航があります。

官公庁（パイロット）

陸・海・空の自衛隊は様々な種類のヘリコプター、固定翼機を有し、国の安全を保つため日夜多方面にわたる任務に当たっています。

海上保安庁は多種の固定翼機、ヘリコプターを有し、海上での治安維持、海上交通の安全確保、海難救助、海上災害の防止、海洋汚染の監視取締りなどを行っています。

警察、消防は多種のヘリコプターを使用し、各種警察活動、消防・救急活動などを行っています。

国土交通省航空局は、数種類の飛行機を有し航空保安施設の飛行検査を行っています。

独立行政法人航空大学校は２種類の訓練機を使用し、帯広、宮崎、仙台で飛行機のパイロットを養成しています。

JAXA（宇宙航空研究開発機構）は数種類の飛行機、ヘリコプターを有し、様々な実験、研究飛行を行っています。

ENRI（電子航法研究所）は固定翼機を有し、各種実験、研究飛行を行っています。

5-2　パイロットに必要な資格

定期運送用操縦士、事業用操縦士、自家用操縦士、准定期運送用操縦士のライセンスのことを技能証明といいます。ライセンス（技能証明）を取得するには、定められた年齢以上で、飛行経歴等を満たし、基本的に学科試験と実地試験に合格する必要があります。

定期運送用操縦士

パイロット２名を必要とするエアライン機の機長に必要とされる資格です。実地試験の受験資格のうち、年齢は21歳以上です。

事業用操縦士

パイロットを職業とする場合に必要な資格です。エアライン機の副操縦士の場合、他に計器飛行証明も必要となります。実地試験の受験資格のうち、年齢は18歳以上です。

自家用操縦士

職業ではなくプライベートで操縦する場合に必要とされる資格です。実地試験の受験資格のうち、年齢は17歳以上です。

准定期運送用操縦士

パイロット２名を必要とするエアライン機の副操縦士に必要とされる資格です。実地試験の受験資格のうち、年齢は18歳以上です。

限定事項

技能証明は、操縦できる航空機の種類、等級、型式について限定されます。航空機の種類とは、飛行機、回転翼航空機、滑空機、飛行船のことを指します。例えば、飛行機で自家用操縦士実地試験に合格すると、自家用操縦士技能証明書に「種類　飛行機」と記されます。

次に、航空機の等級とは、「陸上機または水上機」、「単発機または多発機」、「ピストン機またはタービン機」のことをいいます。自家用操縦士の実地試験を陸上単発ピストン機で受けて合格した場合、「自家用操縦士技能証明書」と「技能証明書－限定事項　陸上単発ピストン機」が同時に交付されます。

さらに、航空機の型式とは、ボーイング式777型やエアバス式A320型などを指し、エアライン機の機長、副操縦士とも型式限定の試験を受けて合格しなければその機種に乗務できません。

特定操縦技能審査

操縦に関する技能、知識について審査を受け、合格すると技能証明書が交付されます。有効期間は２年間です。航空機の操縦を行うすべてのパイロットは、特定操縦技能審査に合格していなければなりません。

計器飛行証明

計器飛行方式による飛行、一定時間以上の雲上飛行、やむを得ず雲中飛行をする場合に必要とされる資格です。

操縦教育証明

初心者に対して操縦教育を行うことができる資格です。

航空身体検査証明

パイロットとして乗務するためには、定められた病院で身体検査を受けて合格しなければなりません。航空身体検査証明には有効期間があり、操縦士の資格や年齢などにより決められています。定期運送用操縦士、事業用操縦士、准定期運送用操縦士は第１種航空身体検査証明が必要で、年齢や運航態様により半年〜１年ごとの更新が、自家用操縦士は第２種航空身体検査証明が必要で年齢により１年から５年ごとの更新が必要となっています。

航空無線通信士・航空特殊無線技士

管制機関と無線交信をするために必要な免許です。自家用操縦士の場合、航空無線通信士あるいは航空特殊無線技師のどちらでも無線操作が可能となりますが、資格取得試験は航空無線通信士のほうが航空特殊無線技士よりも難しくなっています。航空運送事業に用いられる航空機での無線操作には、航空無線通信士が必要です。

航空英語能力証明

日本国外を飛行する場合に必要とされる資格です。レベル１〜６までありますが、レベル４〜６に合格しないと国外を飛行することはできません。有効期間は、レベル４が３年、レベル５が６年、レベル６が無期限となっています。

5-3　パイロットとして必要なライセンス類の具体例

≪例１≫

自家用操縦士として、陸上単発ピストン機で日本国内をVFR飛行するときに必要なライセンス類

①　自家用操縦士技能証明書

②　技能証明書－限定事項　陸上単発ピストン機

③　技能証明書－特定操縦技能審査

④　第２種航空身体検査証明書

⑤　航空特殊無線技士（または、航空無線通信士）

≪例 2 ≫

エアラインの副操縦士として、B737で国際線運航を行うときに必要なライセンス類

①　事業用操縦士技能証明書及び計器飛行証明

（あるいは准定期運送用操縦士技能証明書）

②　技能証明書－限定事項　陸上多発タービン機　ボーイング式737型

③　技能証明書－特定操縦技能審査

④　第 1 種航空身体検査証明書

⑤　航空英語能力証明（レベル 4 以上）

⑥　航空無線通信士

（他に、副操縦士として乗務開始前、社内審査等があります）

ライセンスなしで飛行機を操縦する方法

皆さんは、飛行機のライセンスを取っていなくても、操縦できることをご存知でしょうか。航空機操縦練習許可書というものを取れば、操縦教官が同乗して教えてもらいながら飛行機を操縦することができます。航空機操縦練習許可書は、航空身体検査指定機関で身体検査を受けた後、空港事務所に申請し、問題なければ発行されます。航空身体検査指定機関とは、航空身体検査ができる医師がいる病院です。飛行機の場合、16歳から申請可能です。自家用操縦士のライセンスを取得しようとする場合は、この航空機操縦練習許可書を取得して、操縦教官から訓練シラバスに沿った訓練を受けます。自家用操縦士の実地試験は、17歳以上で受けることができます。自家用操縦士のライセンスを取るには、技量が合格レベルに達するまで飛行しなければいけないため、多額の訓練費用が必要になります。しかし、自家用操縦士のライセンスを取得した後は、必要なライセンス類がすべて揃っていれば、操縦教官が同乗せずに１人で飛ぶことが可能になります。ただし、そこには高価な飛行機をどのように調達するかという問題があります。１機の飛行機を共同購入して共同使用している方々もいらっしゃるようです。自家用操縦士のライセンスまで必要ないという場合は、申請した空港しか離着陸できないといった制限はありますが、先ほど申し上げた航空機操縦練習許可書で操縦できます。「操縦教官同乗で１時間当たりいくら」といった費用が、操縦教育を行っている航空会社ごとに決められています。ただし、航空機操縦練習許可書は１年に１回の更新が必要になります。航空機操縦練習許可書の申請に必要な身体検査の費用は、最寄りの航空身体検査指定機関に事前に問い合わせてください。

初版あとがき

寒暖の差が大きい３月のある日、巡航中の気流は穏やかで、下層雲が大地を覆っていました。しかし、部分的に雲の隙間があり、よく耕されている畑、濃紺の湖、蛇行する川を目にすることはできたものの、この後の降下で雲に入らないと目的地空港まで到達できないだろうと想像しました。地上の風向・風速と上空の風向・風速が違えば、降下中揺れる可能性が高くなります。また、外気温が低いと、雲に入ったとき着氷してしまいます。そうしたことを常に考え、空港に接近し、着陸して運航終了へと至ります。このように気象と飛行とは密接に関係しているのです。

気象は航空機の運航だけでなく、私たちの日常生活にも深く関わりを持ちながら、変化に富んでいます。発達した積乱雲が近づくと、空が暗くなり、突風が吹き、大雨に見舞われます。また、しとしととした雨は、温暖前線の接近を予感させることもあります。日本、または、地球の裏側にあるブラジル、そして、北極、南極でも、同じ理論で気象は推移しています。このように、緻密さと壮大なスケールは持ち合わせた気象現象に私は魅力を感じずにはいられません。

ところで、勉強していく過程では「記憶する」ということが必要になりますが、絶対忘れないように覚えたものでも、時がたてば忘れてしまうこともあります。そこを何とかして覚えようと効率的に反復しようとする姿勢が、「記憶する」ということには欠かせない事だと思います。人によって得手不得手があるとは思いますが、自分は記憶が苦手だと思っている人でも、例えば、声に出したり、紙に書いたりなどして反復することで、記憶を定着させることができるかもしれません。大切なのは自分で試行錯誤した結果導き出された、その人にあった記憶方法を身につけることではないでしょうか。

この試行錯誤をし続ける姿勢は、記憶することだけに限らず、パイロットに必要な知識や技量を身につけていく過程でも同じことが言えると思います。現状を分析し、失敗を何度も経験し、それを乗り越え、少しずつでも歩み続ければ、いつか目標に到達できるはずです。

本書を手にしてくださっているのは、パイロットを目指している人、すでにパイロットとして活躍している人、気象の知識を深めたい人など、いろいろな方々がいらっしゃると思います。そうした皆様の目標達成をサポートできるように、内容を構成したつもりです。

気象の基礎に関して一度勉強したことでも、時間が経つと曖昧になってしまうことはよくあります。そのような時は目次や索引から該当箇所を探し出し、出来るだけ早いうちに復習するようにしてください。天気図、METAR、TAF等に含まれる記号、数字、用語などは一見紛らわしいものがあるので、確認が必要なときはすぐに本書を開いて、疑問を解消させることを心掛けてみてください。

私は、防衛大学校では電気工学を専攻していたため、本書の執筆開始にあたり本当に自分でいいのだろうか、力不足ではないだろうかといろいろと思案しましたが、自分の経験を元に少しでもお役に立てることがあればと思い、手掛けさせていただくことにいたしました。

なお、この本で取り上げられていることは、航空気象、航空機の運航などに関する一部でしかありません。ここで学ばれたことを元に、さらに広い領域に渡って学ばれることを願ってやみません。

最後に、本書を出版するにあたり多大なご尽力をしていただきました成山堂書店代表取締役社長小川典子様をはじめとします多くの皆様に、この場をお借りして心より御礼申し上げます。本当にありがとうございました。

平成28年5月

仁科　武雄

参考資料

『AIM-JAPAN』　日本航空機操縦士協会

『新しい航空気象』橋本梅治・鈴木義男著（日本気象協会）

『学科試験スタディガイド』日本航空機操縦士協会

『気象学のキホンがよーくわかる本』岩槻秀明著（秀和システム）

『気象予報士過去問徹底攻略』饒村曜著（新星出版社）

『気象予報のための天気図のみかた』下山紀夫著（東京堂出版）

『基礎航法教室』時枝勲著（鳳文書林出版）

『空中航法読本』藤井薫著（鳳文書林出版）

『最新航空気象（悪天のナウキャストのために）』中山章著（東京堂出版）

『百万人の天気教室』白木正規著（成山堂書店）

AIS JAPAN　https://aisjapan.mlit.go.jp/

AVIATION WEATHER CENTER　https://www.aviationweather.gov/

BIO WEATHER SERVICE　http://www.bioweather.net/

JAXA　http://www.jaxa.jp/

ウェザーニューズ　http://weathernews.jp/

海上保安庁　http://www.kaiho.mlit.go.jp/

気象庁　http://www.jma.go.jp/jma/index.html

警察庁　https://www.npa.go.jp/

啓林館　http://www.keirinkan.com/

国土交通省航空局　http://www.mlit.go.jp/koku/index.html

国立研究開発法人電子航法研究所　http://www.enri.go.jp/index.shtml

サニースポット　http://www.sunny-spot.co.jp/

消防庁　http://www.fdma.go.jp/

世界気象機関　http://www.wmo.int/pages/index_en.html

地球気　http://n-kishou.com/ee/index.html

電波産業会　http://www.arib.or.jp/index.html

独立行政法人航空大学校　http://www.kouku-dai.ac.jp/

名古屋工業大学　http://www.nitech.ac.jp/

富士通研究所　http://www.fujitsu.com/jp/group/labs/

防衛省・自衛隊　http://www.mod.go.jp/index.html

理科年表オフィシャルサイト　https://www.rikanenpyo.jp/index.html

ワイオミング大学　http://weather.uwyo.edu/

索　引

〔ア行〕

〔カ行〕

〔サ行〕

〔タ行〕

〔ナ行〕

〔ハ行〕

〔マ行〕

〔ヤ行〕

〔ラ行〕

〔ワ行〕

著者プロフィール

仁科　武雄（にしな　たけお）

1968年東京生まれ。
私立海城高等学校卒業。
防衛大学校卒業。
航空自衛隊（C-130H戦術輸送機操縦士、T-3初級操縦課程操縦教官）、独立行政法人航空大学校（准教授、単発事業用課程及び多発・計器課程 操縦教官）を経て、飛行機の操縦士として現在に至る。

図《ず》解《かい》　パイロットに必要《ひつよう》な航空《こうくう》気《き》象《しょう》（2訂版）　定価はカバーに表示してあります。

2016年 7 月18日　初版発行
2023年12月18日　2訂初版発行

著　者　仁科　武雄
発行者　小川　啓人
印　刷　大盛印刷株式会社
製　本　東京美術紙工協業組合

発行所 株式会社 成山堂書店
〒160-0012　東京都新宿区南元町 4 番51　成山堂ビル
TEL：03（3357）5861　　FAX：03（3357）5867
URL　https://www.seizando.co.jp
落丁・乱丁本はお取り換えいたしますので、小社営業チーム宛にお送りください。

Printed in Japan　　ISBN978-4-425-51403-8